SHUBIANDIAN SHEBEI DIANXING QUEXIAN
JI GUZHANG ANLI FENXI

# 输变电设备典型缺陷
# 及故障案例分析

深圳供电局有限公司　组编

中国电力出版社
CHINA ELECTRIC POWER PRESS

# 内 容 提 要

为总结输变电设备的运维经验，进一步提高运维人员对设备缺陷、故障分析与处理的能力，提高管理人员深入分析故障原因及制定相应对策的能力，本书精选输电线路、变压器、组合电器、高压开关类设备、互感器、无功类设备等 33 例典型案例，对案例经过、产生原因、防范措施等进行详细地阐述和分析。

本书可供输变电设备制造、安装、运行、维护、检修等专业人员日常学习和现场分析时使用，亦可供输变电设备管理人员参考。

## 图书在版编目（CIP）数据

输变电设备典型缺陷及故障案例分析/深圳供电局有限公司编. —北京：中国电力出版社，2016.1（2021.4 重印）
ISBN 978 - 7 - 5123 - 7571 - 0

Ⅰ.①输⋯ Ⅱ.①深⋯ Ⅲ.①输电－电气设备－故障检测－案例②变电所－电气设备－故障检测－案例 Ⅳ.①TM72②TM63

中国版本图书馆 CIP 数据核字（2015）第 072740 号

中国电力出版社出版、发行
（北京市东城区北京站西街 19 号 100005 http://www.cepp.sgcc.com.cn）
三河市万龙印装有限公司印刷
各地新华书店经售

*

2016 年 1 月第一版 2021 年 4 月北京第二次印刷
710 毫米×980 毫米 16 开本 10 印张 168 千字
印数 2001—3000 册 定价 55.00 元

# 《输变电设备典型缺陷及故障案例分析》

## 编 写 人 员

主　　编：胡子珩

副 主 编：李林发　　姚森敬　　马镇威　　王　玮
　　　　　谭　波　　章　彬　　刘顺桂　　邓世聪
　　　　　伍国兴　　黄荣辉　　李　勋

编写人员：钟建灵　　汪　鹏　　黄文武　　黄玉忠
　　　　　李　帅　　周伟才　　刘丙财　　罗智奕
　　　　　邬　韬　　王兴亮　　宋文伟　　许振强
　　　　　戴　昊　　杨振宝　　黄炜昭　　陈　潇
　　　　　邹俊君　　徐　曙　　周荣林　　张　欣
　　　　　吕启深　　张宏钊　　严玉婷　　张　林
　　　　　王　静　　向　真　　胡　欢　　朱卫海
　　　　　王志波　　沈　洪　　张　繁　　王　铠
　　　　　王晶晶　　王亚舟　　骆思佳　　肖　洋
　　　　　江　韬　　王　星　　贺振华　　陈桂阳
　　　　　裴慧坤　　杨进科　　胡　燮　　詹威鹏
　　　　　陈腾彪　　胡力广

# 序

　　电力工业是支撑国民经济和社会发展的基础公用事业，经过几十年发展，我国在输变电容量、装备水平和运行管理等方面，已跻身于世界领先行业。随着全社会对电力的依赖程度越来越高，电力系统的稳定性和安全性就显得尤为重要。深圳电网作为全国供电负荷密度最大的特大型城市电网之一，如何提高输变电设备的管理水平、保证电网的安全可靠运行水平，是从事电力运维和管理专业技术人员亟需解决的问题。

　　为认真贯彻南方电网公司的战略发展目标，落实"三基工程"（即基层单位、基础管理、基本能力）建设要求，总结电力生产经验教训，本书以深圳电网输变电设备绝缘缺陷、故障分析、处理方法和预防措施等为主线，精选出具有代表性的典型案例和现场处理照片，详细地描述了事件产生原因、检查过程、处理方法和预防措施等内容，也是对深圳电网多年来在输变电设备典型缺陷故障方面所做工作的全面总结，可为输变电运维和管理专业技术人员提供技术参考和借鉴。同时，也有助于提高深圳电网在输变电设备的运行、维护和检修等方面的管理水平，防范类似问题反复出现。

　　在本书即将出版之际，我谨对所有支持和参与本书编写工作的同志表示崇高的敬意。

# 前　言

输变电设备的运行维护工作,对保障电网的安全稳定具有十分重要的意义。随着新设备、新技术的广泛应用,电网设备种类繁多,设备缺陷、故障、隐患等亦随之增加,且各类设备缺陷、故障的起因也不尽相同,如设备制造工艺不良、检修试验过程中的维护不当、电气设备长期运行引起的绝缘老化、外力破坏以及不可抗的自然灾害等。正确分析设备缺陷、故障产生的原因,有助于现场人员采取合理的处理措施,缩短事件的抢修时间,有效预防事故的发生及扩大。

为总结输变电设备的历史运维经验,进一步提高运维人员对设备缺陷、故障分析与处理的能力,提高管理人员深入分析故障原因及制定相应对策的能力,特组织生产一线专业技术人员编写了本书。

本书是在收集深圳供电局有限公司输变电设备异常运行和故障现场资料基础上,通过精心挑选、细致整理,结合原始分析报告材料编写而成,全书按输电线路、变压器、组合电器、高压开关、互感器等其他设备分类选取典型案例,对缺陷、故障的处理过程、产生原因、反措等进行全面深入的分析与讲解。本书具有以下几个特点:一是内容丰富,涵盖输变电主设备的常见缺陷及故障;二是实用、易学,可帮助提高一线电力工人现场分析设备缺陷、故障的能力;三是针对性强,遵照南方电网公司相关规程及标准,提出合理反措建议。

本书在编写过程中得到了各级领导的大力支持,书中的大量现场照片及分析资料凝聚了现场运行、检修、试验和管理人员的心血,在此对各级领导及同仁表示感谢。

由于编者水平有限,书中难免有不妥之处,恳请广大读者批评指正。

编　者

2015 年 11 月

# 目　录

# 第一章

# 输电线路典型缺陷及故障分析

## 第一节　500kV 线路复合绝缘子断裂

### 一、案例简介

2011 年 11 月 23 日 10 时 25 分，在对 500kV 某线路按计划开展日常巡视过程中，发现 N21 塔 A 相双串复合绝缘子中大号侧串下端接近均压环处发生断裂，断裂绝缘子及其整个缺陷处理的具体情况如图 1-1～图 1-4 所示。

图 1-1　N21 塔 A 相大号侧串
复合绝缘子断裂

图 1-2　更换受损绝缘子

图 1-3　受损绝缘子

图 1-4　N21 塔 A 相
复合绝缘子消缺完成

发生断裂的 A 相故障复合绝缘子悬挂形式为双联悬垂式，绝缘子制造工艺为硅橡胶外套整体注射，于 2006 年在 500kV 线路挂网运行。该型号绝缘子采用 1 片大伞、2 片小伞的伞裙设计，共 50 片大伞、104 片小伞，两端均装有开口均压环，最小电弧距离 4000mm，伞直径 171/85mm，大伞间距 79mm，故障绝缘子串（A 串）和并联运行正常的绝缘子串（B 串）整体参数见表 1-1。

表 1-1 绝缘子整体参数 （单位：mm）

| 编号 | 大伞间距 | 芯棒直径 | 杆径 | 大伞直径 | 小伞直径 | 单元数 | 公称长度 | 公称爬距 | 塔编号 | 型号 |
|---|---|---|---|---|---|---|---|---|---|---|
| 绝缘子 A | 79 | 24 | 35 | 171 | 85 | 50 | 4450 | 14250 | N21 | FXBW-500/180-4450 |
| 绝缘子 B | 79 | 24 | 35 | 171 | 85 | 50 | 4450 | 14250 | | |

经过拆卸后对故障绝缘子表面进行分析，断裂位置发生在高压端（靠近导线侧）第 1、2 片大伞之间，护套和伞裙无变硬迹象，同时故障串绝缘子高压端的均压环未安装到位，距离正确卡位约 5mm，复合外护套撕裂，护套和伞裙撕裂面为新口，断裂面与芯棒轴线垂直，截面有较长的束状拉丝产生，色泽较白，无碎片。高压端第 2 片至第 17 片大伞之间外护套表面呈直线分布有若干烧蚀点，护套表面无外力破坏痕迹。故障绝缘子串（A 串）和并联运行正常的绝缘子串（B 串）之间的对比如图 1-5～图 1-6 所示。A 串端部外护套放电破损痕迹和高压侧伞裙放电痕迹如图 1-7～图 1-8 所示。

(a)                                          (b)

图 1-5 A、B 串高压端第 1-2 片大伞之间对比
(a) A 串高压端第 1-2 片大伞；(b) B 串高压端第 1-2 片大伞

根据外观检查分析，从伞群断口分析，绝缘子脆断为巡视之前两三天内。将相同条件下运行的 A 相这两串复合绝缘子对比，B 串表面光滑，未发现放电

烧蚀点，外护套无裂纹或腐蚀痕迹，而 A 串为明显的外护套撕裂并分布有爬电烧蚀的破损点，同时芯棒发黑，且外表破损处与内部的爬电轨迹相对应，说明在运行中芯棒与护套之间就长期存在爬电通道。

(a)　　　　　　　　　　　　　　(b)

图 1-6　A、B 串高压端均压环至第 1 片大伞之间对比

(a) A 串高压端均压环至第 1 片大伞；(b) B 串高压端均压环至第 1 片大伞

图 1-7　A 串端部外护套
放电破损痕迹图

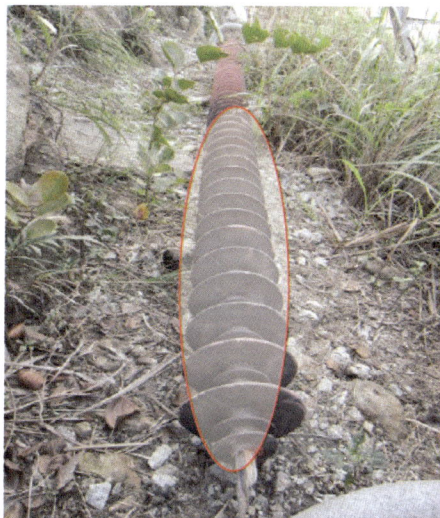

图 1-8　A 串高压侧伞裙放电痕迹

该线路位于沿海地区，空气湿度大，气体腐蚀性强，若在外护套密封不良的情况下，绝缘子长期暴露在盐雾侵蚀的环境中，使其盐密高，酸蚀性物

质极易侵入芯棒内部，并在电场作用下缓慢地横向腐蚀周围的环氧树脂和玻璃纤维，断面不断扩大，芯棒有效面积不断缩小，当脆断面发展到相当比例时，余下的部分承受不住导线的垂直荷载，最终因完全丧失机械性能而发生断裂。

## 二、故障检查及原因分析

### （一）整体观测分析

发生断裂的 A 串绝缘子伞裙表面脏污，有明显积灰，表面有粉化现象，两端金具发黑。断裂处芯棒约有一半明显碳化，另一部分芯棒断口较新。低压端部包胶密封良好，从低压端往高压端数起，第 1～24 组伞伞裙护套外观完好，从第 25 组伞起，护套及伞裙根部不同程度存在多处蚀孔和突起（突起去掉后露出蚀孔，约有 30～40 处），靠近高压端则有护套爆裂现象并露出芯棒。高压端均压环没有按设计要求正确安装在金具安装定位槽内，比正常安装时均压环上移约 5mm，如图 1-9 所示。

图 1-9 A 串绝缘子均压环未正确安装

另外，并联绝缘子 B 串伞裙表面脏污，有明显积灰，表面有粉化现象，两端金具发黑，端部包胶密封良好。其他伞裙、护套完好，未发现有破损处。绝缘子 A、B 串在积污上没有明显差异。除了摩擦位置外，表面都有一层黑色污秽，整体呈深灰色。

上述现象表明绝缘子伞裙材料本身并没有发生明显的老化现象，绝缘子芯棒护套上的蚀孔和突起并不是由于护套材料表面老化造成的。

### （二）断口横切面观测

（1）断口处芯棒仅 30％～40％面积呈相对正常的乳白色，60％～70％面积呈深褐色，并已严重脆化。表明芯棒长期受到蚀损，并与蚀孔的形成有关，绝缘子芯棒承力面积仅约正常绝缘子芯棒的 35％，发生断裂成为必然。

（2）芯棒断口不整齐，表明该断裂不是脆断现象。深褐色的环氧树脂纤维明显短于乳白色纤维，这是因为芯棒深褐色区域受到严重蚀损，已严重脆化，不能承受拉力，绝缘子整体断裂之前，该区域可能已经发生断裂，拉力主要集中在乳白色区域，因此绝缘子整体断裂发生时因乳白色区域与深褐色区域受力特性不同，使得断口处并不整齐。

（三）表面蚀损点观测

发生断裂的绝缘子表面蚀损点主要有两种形式：一种为外凸，另一种为蚀损孔。在外观检查中发现，外凸部分经轻微外力即会掉下，成为蚀孔。绝缘子有 13 个蚀孔，13 个外凸。

通过观察，外凸部分的成分为硅橡胶和砂粒状的杂质，并且与周围的硅橡胶材料分界明显，所以外凸部分掉落后，形成蚀孔。外凸和蚀孔都出现在一条合模缝或其附近位置的芯棒护套上。

通过解剖发现，芯棒蚀损的长度与护套上发现的外凸和蚀孔出现的长度一致。表明由于芯棒的蚀损，护套内绝缘下降，使得芯棒蚀损部分与未蚀损部分分界处的电位要高于该处护套表面的电位，在电位差的作用下，护套逐步从里向外发生局部放电。长期的局部放电作用下，护套材料特性相对较差的部位发生老化，进而形成外凸现象。

（四）表面污秽度测量及憎水性分级

在进行电气试验前，对复合绝缘子进行了表面自然污秽的测量和憎水性分级试验。

对 A、B 串绝缘子进行了 1 大 2 小伞群及之间的护套表面取样，A、B 串绝缘子污秽度测量结果见表 1-2，A 串绝缘子高压端、中部及低压端的灰盐比均高于 B 串。

表 1-2　　　　　　　　A、B 串绝缘子污秽度测量结果

| 绝缘子 | 位置 | 盐密（mg/cm²） | 灰密（mg/cm²） | 灰盐比 |
|---|---|---|---|---|
| 绝缘子 A | 高压端 | 0.0174 | 0.3847 | 22.1 |
| | 中部 | 0.0133 | 0.5523 | 41.5 |
| | 低压端 | 0.0151 | 0.5571 | 36.9 |
| 绝缘子 B | 高压端 | 0.0144 | 0.2775 | 19.3 |
| | 中部 | 0.0157 | 0.5837 | 37.1 |
| | 低压端 | 0.0081 | 0.2022 | 24.9 |

为了表征复合绝缘子表面的憎水性特征，分别对绝缘子 A 和绝缘子 B 在自然条件下（未进行电气试验）的伞裙进行憎水性分级，结果见表 1-3。

表 1-3                     绝缘子表面憎水性情况

| 绝缘子 | | A | B |
|---|---|---|---|
| 高压端 | 上表面 | HC6 | HC6 |
| | 下表面 | HC4 | HC4 |
| 中部 | 上表面 | HC5 | HC5 |
| | 下表面 | HC4 | HC4 |
| 低压端 | 上表面 | HC5 | HC6 |
| | 下表面 | HC4 | HC4 |

根据表 1-3 可知，绝缘子上表面已经基本丧失憎水性，下表面的憎水性下降较多。

**（五）运行电压下特性分析**

1. 绝缘子红外特性

对绝缘子 A、B 串逐级加压，每级电压耐受 5min，利用红外摄像仪观测其表面温度变化，并分别记录高压端、中部和低压端的表面温度，见表 1-4。

表 1-4                     A、B 串绝缘子表面温度变化记录

| | 施加电压（kV） | 时间（min） | 温度（℃） | | | 备注 |
|---|---|---|---|---|---|---|
| | | | 高压端 | 中部 | 低压端 | |
| B串 | 加压前：$t_1$＝17.5℃；$t_2$＝14.0℃；湿度54%；$P$＝101.5kPa | | | | | 上午 11：00 |
| | 200 | 5 | 19.3 | 18.4 | 18.5 | |
| | 318 | 15 | 19.3 | 18.4 | 18.5 | |
| | 加压前：$t_1$＝18.0℃；$t_2$＝14.5℃；湿度56%；$P$＝101.3kPa | | | | | 下午 14：10 |
| | 200 | 5 | 21.4 | 21.0 | 21.0 | |
| | 318 | 15 | 22.1 | 21.8 | 21.6 | |
| A串 | 加压前：$t_1$＝18.0℃；$t_2$＝14.5℃；湿度56%；$P$＝101.3kPa | | | | | |
| | 103 | 5 | 20.3 | 20.4 | | 下午 15：00；接线：1 号～25 号组伞 |
| | 160 | 15 | 20.1 | 19.9 | | |
| | 304 | 15 | 20.3 | 24.0 | 29.1 | 接线：1 号～49 号组伞。开始加压 110 秒后有温升：24 号组伞升至 22℃；28 号～30 号升至 24℃；49 号升至 29.1℃ |

**注** $t_1$：干燥绝缘子表面温度；$t_2$：潮湿绝缘子表面温度。

图 1-10 为并联串 B 串和故障串 A 串的红外热像图对比。由图可见，B 串

运行温度正常。A 串在加压 15min 后中部温度偏高，这是由于与发热区域对应的绝缘子外护套有多个蚀损点引起的。

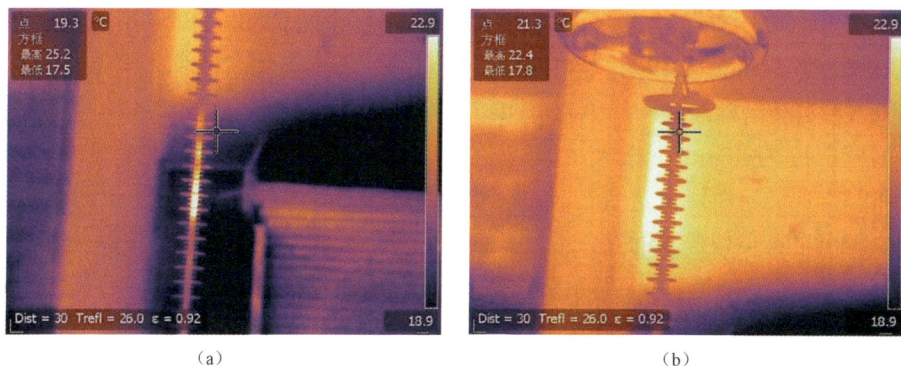

图 1-10　A 串与 B 串红外热像图
(a) A 串红外热像图；(b) B 串红外热像图

2. 绝缘子紫外特性

通过紫外摄像仪观察绝缘子不同电压下的紫外特性，没有观测到绝缘子有电晕放电现象。

3. A 串绝缘子异常放电分析

升压、降压过程中，用紫外摄像仪连续观察，发现即使是蚀损部位或者红外检测过热点，都没有发现异常电晕点。

（六）解剖试验

对断裂绝缘子的高压端金具附近的第 25 个大伞单元的护套进行剥离。情况如下：

（1）芯棒没有发生明显的粉化现象，护套剥离困难，并在剥离时护套断裂。

（2）部分剥离位置出现黏结不牢的现象。

（3）虽然芯棒没有发生粉化现象，但部分芯棒玻璃丝黏附在护套硅胶上，表明芯棒出现部分位置的断丝。

（七）水煮后陡波试验

对并联绝缘子水煮后进行陡波试验。用厚度小于 1mm、宽 20mm 的铜皮固定在试品芯棒上作为电极，每段绝缘距离不大于 500mm。每段连续施加陡度不低于 1000kV/s 的正、负冲击电压各 25 次，每次冲击均在两电极间发生外部闪络，表明芯棒与护套的界面性能良好。

（八）水扩散试验

对 A 串和 B 串绝缘子的带护套芯棒进行水扩散试验，试验结果见表 1-5。在浓度为 0.1% NaCl 去离子水中煮沸 100h 后，进行耐压试验。试验电压为 12kV，持续 1min，试验过程中未出现击穿和表面闪络，泄漏电流最大值为 760μA，均满足标准要求的不超过 1mA，其中对 2-4 试验在对其表面进行屏蔽后测得电流为 460μA，表明表面泄漏电流较小。在试验过程中发现，2-1、3-9 芯棒试样一面疑似进水，放置 40h 后仍保持原状，试验中的其他芯棒试样芯棒表面也有类似进水的点状痕迹，表明该种芯棒防水性能欠佳。

表 1-5　　　　　　A、B 串绝缘子带护套芯棒水扩散耐压试验结果

| 试样 | 编号 | 试验交流电压（kV） | 试验时间（min） | 泄漏电流（μA） | |
|---|---|---|---|---|---|
| B 串 | 1-1 | 12 | 1 | 238.6 | 第 21～23 组取样 |
| | 1-2 | 12 | 1 | 135.1 | |
| | 1-3 | 12 | 1 | 133.5 | |
| | 1-4 | 12 | 1 | 160.9 | |
| A 串 | 2-1 | 12 | 1 | 340.0 | 第 41～43 组取样 |
| | 2-2 | 12 | 1 | 345.0 | |
| | 2-3 | 12 | 1 | 310.0 | |
| | 2-4 | 12 | 1 | 460.0 | |
| | 2-5 | 12 | 1 | 240.0 | |
| | 2-6 | 12 | 1 | 283.5 | |
| | 2-7 | 12 | 1 | 332.4 | |
| | 2-8 | 12 | 1 | 360.6 | |
| | 2-9 | 12 | 1 | 359.7 | |
| | 2-10 | 12 | 1 | 760.0 | |
| | 3-1 | 12 | 1 | 303.7 | 第 47、49、50 组取样 |
| | 3-2 | 12 | 1 | 410.0 | |
| | 3-3 | 12 | 1 | 221.7 | |
| | 3-4 | 12 | 1 | 330.0 | |
| | 3-5 | 12 | 1 | 330.0 | |

| 试样 | 编号 | 试验交流电压<br>（kV） | 试验时间<br>（min） | 泄漏电流<br>（μA） | |
|------|------|------|------|------|------|
| A串 | 3－6 | 12 | 1 | 196.3 | 第47、49、50组取样 |
| | 3－7 | 12 | 1 | 177.8 | |
| | 3－9 | 12 | 1 | 310.0 | |
| | 3－10 | 12 | 1 | 194.7 | |

（九）芯棒显微检查

对比芯棒的 20 倍显微图表明，断裂后芯棒的结构在纵向和横向断面上已经发生明显变形。B 串样品和 A 串样品的 20 倍光滑面分别如图 1-11～图 1-12 所示。B 串样品和 A 串样品的 20 倍粗面分别如图 1-13～图 1-14 所示。

图 1-11　B 串样品（并联串）20 倍光滑面

图 1-12　A 串样品（故障串）20 倍光滑面

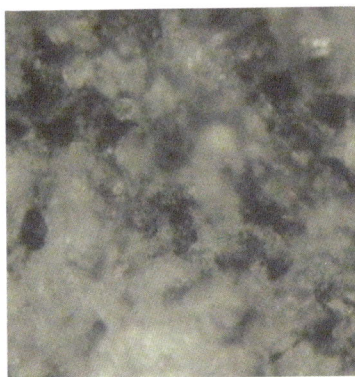

图 1-13　B 串样品（并联串）20 倍粗面

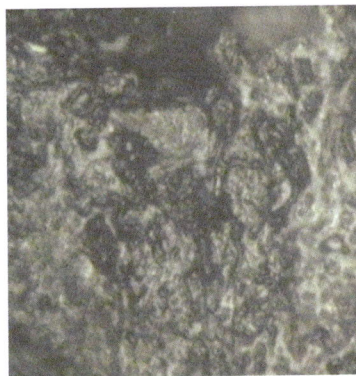

图 1-14　芯棒击穿（损伤部位）20 倍粗面

根据初步的外观检查、污秽测量、运行电压下的红外紫外检测以及剖查试验结果，断裂是由于绝缘子护套和芯棒界面出现局部放电，在高场强作用下芯棒不断蚀损，最终芯棒不能承受机械应力而断裂。后续措施如下：

（1）继续组织开展 500kV 线路复合绝缘子的红外测试，积累数据并进行统计分析。按照规程要求做好 110kV、220kV 线路复合绝缘子的红外测试工作，建立线路复合绝缘子运行状况数据库，以便日后分析。

（2）本次绝缘子断裂没有造成停电事故，除发现及时外，主要原因是采取了双串并联绝缘子，且尚未发生过并联双串绝缘子同时断裂的事故，说明有必要在重要线路中推广应用双串绝缘子设计。而且是双联双挂点设计，保证即使有一串绝缘子发生断裂时，另一串绝缘子尚能支撑运行电压和机械负荷，不会出现导线落地的重大停电事故。因此，应在设计阶段大力推行。

# 第二节　220kV 线路风偏跳闸故障

## 一、案例简介

（一）跳闸情况

2012 年 12 月 29 日 23 时 20 分，某 220kV 线路两侧断路器第一次跳闸，重合闸成功；至 12 月 30 日 0 时 30 分，该 220kV 线路两侧断路器共跳闸 17 次，重合闸均成功。

保护动作及测距情况：该 220kV 线路两侧断路器跳闸，主 I、主 II 保护动作，B 相故障，重合闸成功，变电站 A 站侧故障测距 27.8km，变电站 B 站侧故障测距 2.3km。

（二）跳闸发生时外部环境

根据气象台数据，2012 年 12 月 29 日起，受强冷空气影响，出现大风天气，沿海和高地阵风可达 8～9 级，深圳市气象台于 29 日 20 时 30 分在全市陆地及海区发布大风蓝色预警，监测到 10m 高瞬时风速为 25.32m/s，出现时间为 12 月 30 日 0 时 25 分，同时伴有小雨。

（三）跳闸后故障定位

2012 年 12 月 30 日凌晨，接到设备跳闸通知后，输电管理所立即组织人员前往现场开展故障查线工作。由于该220kV线路的大部分杆塔位于高山，且夜间能见度较差，因此首先对部分易倒位置的杆塔进行巡查，未发现异常。12月30日8时35分，在该线路N60塔发现B相跳线发生故障，如图1-15所示。且大号侧复合绝缘子低压端均压环有放电痕迹，如图1-16所示。N60塔的放电位置如图1-17所示。

图1-15　N60塔B相跳线故障点

图1-16　N60塔B相复合绝缘子低压侧均压环放电点

该220kV线路为单回线路，直线塔为猫头塔，耐张塔为干字型塔，最大设计风速35m/s（15m高）。2009年9月13～14日，为提高该220kV线路的防风

图 1-17　N60 塔塔头放电位置

能力，对该线路的耐张塔进行了防风整改工作，调整跳线、加装重锤、对跳线加装跳线支架。N60 塔的 B 相采用硬跳线（角钢型式的跳线支架），跳线串在高压侧采用了 40kg 重锤式均压环，如图 1-18 所示。

## 二、原因分析

2012 年 12 月 29 日 23 时 20 分至 12 月 30 日 0 时 30 分当晚该 220kV 线路跳闸多达 17 次，但每次跳闸时重合闸均成功，排除了飘落异物等可能性。

（一）强风天气因素

N60 塔的型号为 GJ1-14.5，该塔前侧档距 358m，后侧档距 298m，塔位所处位置为辅助变电站的北侧山头，四周地势开阔、无遮挡。深圳市气象台于 29 日 20 时 30 分在全市陆地及海区发布大风蓝色预警，平均风速为 20.6m/s，瞬时大风达 26.9m/s，另据大亚湾气象

图 1-18　N60 塔加装跳线支架

站数据显示，跳闸当晚该区域记录到 10m 高瞬时风速数据为 25.32m/s。因 N60 杆塔位于山头该塔距海平面为 175.3m，杆塔附近产生的瞬时强风会超过气象观测值记录到的 10m 高瞬时风速，但受地形影响不能准确推算跳闸时刻的最大瞬

时风速。

因没有大亚湾气象站记录到的跳闸事件发生时 10m 高该区域 10min 内的平均风速，因此只能依据 10m 高瞬时风速进行计算。

在不考虑 N60 杆塔所处山头的影响因素下，同一高度的瞬时风速理论值应为 42.53m/s，而 N60 杆塔所处地形为山头，杆塔所受风压会大于同一高度平地作用下的风压，风速也会大于 42.53m/s，已超过 35m/s 的设计风速。同时该 220kV 线路 N50～N61 段线路基本为东西走向，风向与线路走向几乎垂直，致使风力绝大部分直接作用于 B 相跳线绝缘子串及跳线并使之向塔身偏转。

据初步核算，据该塔（GJ1-14.5）的实际尺寸，按耐张串下倾 8°、跳线串向塔身方向摆动 20°、跳线支架偏转 10°（导致跳线弧垂变大）在耐张塔俯视图上进行放样，此时静止跳线子导线与塔身（约在地线横担下方 3.626m 处，为风偏时距离跳线最近处）间的距离为 1.852m。

当风速为 33m/s（离地 10m 高，对应 15m 高风速为 35m/s）时，跳线风偏角为 70.8°，跳线弧垂按 1.1m 计，则跳线子导线对塔身最近距离为 0.66m。

当风速为 37.5m/s（离地 10m 高，对应 15m 高风速为 40m/s）时，跳线风偏角为 75.1°，跳线弧垂按 1.2m 计，则跳线子导线对塔身最近距离为 0.54m，放样空间位置示意如图 1-19 所示。

图 1-19  放样空间位置示意图

从初步核算结果可以发现对于发生频繁跳闸的该 220kV 线路 N60 铁塔，当距塔脚 10m 高处的风速达到 37.5m/s 时，跳线距塔身小于 DL/T 5092—1999《(110—500) kV 架空送电线路设计技术规程》规定的 0.55m 的最小间隙（工频电压下，220kV 带电部分与杆塔构件的最小间隙的 0.55m），存在对塔身构件放电的隐患。其中《（110—500）kV 架空送电线路设计技术规程》中关于带电部分与杆塔构件间隙的规定如下："9.0.6 在海拔不超过 1000m 的地区，带电部分与杆塔构件（包括拉线、脚钉等）的间隙。在相应风偏条件下，不应小于表9.0.6 所列数值。"表 9.0.6 所列数值见表 1-6。

表 1-6　　　　　　　　带电部分与杆塔构件的最小间隙　　　　　　　（单位：m）

| 标称电压（kV） | 110 | 220 | 330 | 500 | |
|---|---|---|---|---|---|
| 雷电过电压 | 1.00 | 1.90 | 2.3 | 3.30 | 3.30 |
| 操作过电压 | 0.70 | 1.45 | 1.95 | 2.50 | 2.70 |
| 工频电压 | 0.25 | 0.55 | 0.90 | 1.20 | 1.30 |

注　1. 按雷电过电压和操作过电压情况校验间隙时的相应气象条件，参见附录 A（DL/T 5092—1999 的附录，本书略）。
　　2. 按运行电压情况校验间隙时采用大风速计相应气温。
　　3. 500kV 空气间隙栏，左侧数据适用于海拔不超过 500m 地区；右侧适用于超过 500m 地区。

12 月 30 日在位于山底平地的大亚湾核电站站内发现多处树木折断，在露天篮球场发现 1 座篮球架被大风刮倒，1 座篮球架被大风吹离原位，如图 1-20 所示。

（a）　　　　　　　　　　　　　　（b）

图 1-20　站内篮球架受强风影响情况
（a）篮球架被大风刮倒；（b）篮球架被大风吹离原位

树木及篮球架受损是近年来核电站内首次遇到的情况，从中也可以反映出跳闸当晚该线路 N60 杆塔区域确实发生了较为严重的强风天气。

（二）线路设计存在缺陷

1. 跳线悬挂方式

该 220kV 线路全线耐张塔均采用 GJ 型塔，其中 B 相跳线采用绕跳方式，且使用了单点悬挂跳线托架，使跳线远离塔身。该方式稳定性较差，遇到斜向风力跳线支架易形成不规则的振动和扭摆，或因施工安装中跳线尺寸有偏差，进而影响跳线风偏时对塔身的电气间隙。

2. 跳线绝缘子选型

另外，该线路全线使用复合绝缘子，未采用防风偏跳线复合绝缘子，导致出现极端强风情况下复合绝缘子有可能会产生较大的风偏角度。

3. 跳线长度及跳线弧垂

改造时，跳线长度及改造后跳线的弧垂等参数并未提及，也并没有对其进行风速作用下风偏的重新计算校核，没有给出弧垂的设计参考值，因此对现场跳线制作及安装人员无法起到指导作用。

（三）气候环境因素

另外，根据大亚湾气象站记录资料及大亚湾线路巡检人员的回访，12 月 29 日晚至 30 日大风天气期间，在大亚湾站区内有降雨。N60 塔位于海岸开阔地带，常年经受海风吹袭，空气盐密度较高。高盐密的空气及其中夹杂的水气、雨水所形成的水线会缩小空气间隙，在空气中形成特定的闪络通道，使闪络电压降低，从而更有利于风偏闪络的发生。

## 三、预防措施

（1）将 N60 杆塔地线支架改造为矩形横担并布置双跳线串挂孔，对该塔 B 相安装双跳线串（仍采用复合绝缘子串，高压侧带 60kg 重锤式均压环），从而达到进一步缩小该相两端的跳线档距，降低跳线小弧垂，使得跳线弧垂在最大风偏工况下对铁塔接地构件的间隙更大。

（2）将跳线串的复合绝缘子串改为防风偏跳线复合绝缘子。防风偏跳线复合绝缘子具有较好的抗拉抗弯性能，采用固定式安装，使得整个绝缘子串固定在铁塔横担上，跳线串受大风荷载时无法偏转，由连接金具和绝缘子抵抗风荷载，从而达到较好的防风整改效果。但同时需要根据垂直固定式跳线复合绝缘子串的受力情况，对铁塔跳线挂架强度进行复核。

（3）对 N60 塔 B 相，可采取保留原跳线支架，更换较短的跳线；或保留跳线，更换横向长度较长的跳线支架。这两种方法均需重新对跳线长度进行核算。

（4）在 N60 塔安装风速监控装置，考虑到该塔位具有特殊的地理位置，经受大风及台风的运行状况更具备代表性。收集该塔的风速监控数据，既有利于检验本线路防风整改效果，同时也可为今后防风偏闪络事故积累更多的第一手信息，有利于改进今后的防风整改工作。

# 第三节　110kV 电缆中间头故障

2012 年 7 月 15 日 6 时 45 分，一条 110kV 电缆线路两侧断路器跳闸，110kV 备自投动作成功。经故障测寻并定位，该次跳闸由 4 号＋1 工井 C 相中间接头故障引起，之后对电缆接头进行解体。

解剖前故障接头的玻璃钢外壳完好。将中间接头的玻璃钢保护壳切开，并去除填充的防水胶，可见接头金属保护壳，未见有故障损坏现象，如图 1－21 所示。

去除金属防护壳，可见接头故障击穿孔，长径约 18mm，短径约 11mm，如图 1－22 所示。

去除接头外屏蔽金属绕包带和外屏蔽层，可清晰地看到故障点位于接头的一侧，同时击穿点的周围有电蚀孔洞，如图 1－23 所示。

图 1－21　接头金属保护壳

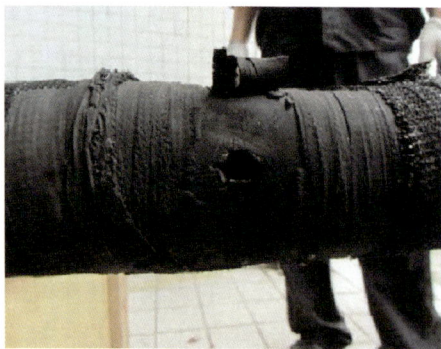

图 1－22　接头故障击穿孔

图 1－23　接头故障击穿点电蚀孔洞

将故障接头纵向剖切开，可清晰地观察到击穿孔起于内半导电电缆一体锥面的起始端部，导体被烧熔接近外径程度孔洞，如图 1-24 所示。

现场用硅油加热煮绝缘，由于条件限制，绝缘外部黏着硅油，未能很好地观察到绝缘内部是否存在气隙。在实验室用硅油加热故障接头绝缘，可肉眼观察到绝缘与内半导电间有气隙群，如图 1-25 所示。

| 图 1-24　故障接头纵向解剖图 | 图 1-25　绝缘与内半导电间存在的气隙群 |

## 二、原因分析

（1）在接头故障前，已检测到该接头存在局部放电信号，说明该接头绝缘结构存在空隙缺陷，上述解剖得到验证；

（2）从故障点周围存在一定数量空洞分析可知，在故障前，接头外屏蔽与绝缘层之间存在局部放电，局部放电逐渐发展，绝缘层逐步发生电腐蚀导致了放电。

## 三、结论及预防措施

综合上述分析，推断击穿故障绝缘外屏蔽制作存在一定缺陷，绝缘外屏蔽与绝缘层间存在一定的间隙。在 10 个月的运行过程中，上述间隙缺陷在电场的作用下发生局部放电电蚀绝缘层；同时绝缘层中也可能存在一定气隙缺陷，运行中该部分的气隙也发生局部放电，两者共同作用下绝缘层被不断地电蚀，最终形成贯穿性导电通道而发生击穿。

该产品自投产至故障不足一年时间里，6 个接头中有 2 个接头发生故障，反映该新产品质量欠佳，应对其进行改进，以确保电网的安全稳定运行。

# 第四节  110kV GIS 联络电缆应力锥移位
## 导致终端头击穿

## 一、案例简介

110kV 某变电站 3 号主变压器（简称主变）联络电缆全长 83m，截面积为 800mm²，2004 年 3 月 11 日投运。2009 年 4 月曾发生 GIS 终端法兰开裂缺陷，进而更换了法兰。

2013 年 7 月 15 日，3 号主变 B 相 GIS 联络电缆终端头发生故障。现场勘查发现，联络电缆 GIS 终端尾管下方封铅处有一直径约 30mm 击穿孔，有填充绝缘油飞溅到外部的痕迹，观察发现应力锥可能会有移位现象，如图 1-26 所示。

图 1-26  联络电缆 GIS 终端故障图

## 二、解剖分析

### （一）密封尾管

电缆头解剖前，仔细观察尾管封铅，封铅较为平滑，封铅质量尚可。在电缆头故障时由于电缆头内油压剧升，绝缘油从尾管封铅最薄弱处喷出，形成一直径约 30mm 击穿孔，但未见电气击穿孔，如图 1-27 所示。由于故障时油压巨大，铅护套已部分剥离。

### （二）拆卸尾管

将绕包在尾管底端表面的密封绕包带拆除，并拉开尾管发现在尾管部件法兰上方 4cm 处有一直径 3cm 的击穿孔，边缘有金属熔融痕迹，而对应环氧树枝套管上也有相应的烧蚀痕迹，判断该处为击穿时电弧烧蚀所致，如图 1-28 所示。

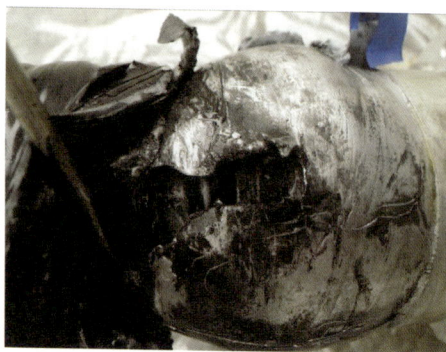

图 1-27  密封尾管解剖情况

（a）               （b）

图 1-28　尾管处电弧烧蚀

（a）尾管部件法兰上方的击穿孔；（b）环氧树枝套管上的烧蚀痕迹

（三）拔出应力锥

拔出线芯及应力锥，应力锥底部绝缘胶带包封已断成两部分，间距约 5cm，而线芯的击穿点位于应力锥下端边缘，清晰可见，如图 1-29 所示。

图 1-29　应力锥外观图

测量应力锥顶端至线芯顶端距离为 48.8cm（应力锥长 38.7cm），如图1-30 所示。根据安装图纸，该尺寸应为 51.8cm，可判断在发生故障时，由于强大的作用力，将应力锥底部绝缘胶带包撕裂，并将应力锥往上推移约 3cm。由于应力锥位移，因此暂时无法判断原始安装是否符合安装要求。

图1-30　应力锥顶端至线芯顶端尺寸

将应力锥底部的绝缘胶带清除，并将击穿点周边的清理干净，发现故障点正好位于半导电层与绝缘层的交界边缘上，而应力锥因故障时移位已脱离半导电层边缘 1.7cm，如图 1-31 所示。近距离观察，可发现半导电层与绝缘层过渡处理不平滑，在主绝缘上呈现出台阶式的缩小，经测量，半导电层处电缆外径为 75.45mm，而打磨后尺寸为 72.3mm。

图1-31　故障点外观图

（四）解剖应力锥

纵向剖开应力锥，如图1-32 所示，可清晰看到电缆应力锥底端尾管放电烧熔留下的黑色痕迹，但在其内表面和电缆表面均无发现任何沿面放电痕迹。

通过痕迹对比可知主绝缘上的烧蚀痕迹与应力锥底部的烧蚀痕迹是完全重合的。由此可判断故障时应力锥底部正好搭接在半导电层的断口上。通常情况下应力锥应该覆盖电缆半导电层 50~60mm，显然应力锥覆盖电缆半导电层严重不足。

测量线芯顶端到半导电层断口距离为 88.2cm，如图 1-33 所示，而对照图纸安装标准应为 87.0cm，屏蔽层处理比标准后退了 1.2cm。

图 1-32 应力锥纵向解剖图

图 1-33 应力锥解剖尺寸图

（五）击穿通道分析

根据以上解剖情况，电缆本体击穿点在外半导电层和主绝缘交界处。分析电场情况可知，应力锥处的最大电场在电缆半导电层的末端，覆盖电缆半导电层不足，电场畸变较大，电场集中明显，当设备承受工频载荷时，易发生剧烈的局部放电，导致击穿。

击穿后，电弧从线芯向尾管（法兰上部）放电，并烧穿尾管，同时在外侧的环氧树脂套管上也留下了明显的烧蚀痕迹。而应力锥与半导电层搭接不足，因此在击穿瞬间，电弧烧蚀应力锥底部同时产生的压力将应力锥往上推离故障点，所以应力锥内只有烧蚀痕迹而没有将应力锥击穿。

由于电弧将尾管（法兰上部）烧穿，放电导致终端头内油压升高，绝缘油通过击穿点反相进入尾管，直达封铅处，在最薄弱处重开一个缺口，形成尾管封铅处的击穿点。

### 三、原因分析

由于解剖时应力锥已经移位，因此无法直接判断故障前应力锥是否安装到位。但从烧蚀痕迹对比，可判断故障前应力锥与半导电层之间仅仅只有边缘搭接上，而应力锥完全没有起到改善电场分布的作用。综合以上解剖情况，可判断半导电层处理不标准、过渡不平滑、应力锥也没装到位是本次故障的直接原因。

本次故障是施工工艺原因导致的，但由于投运较早，当年的施工记录已无法找到。在 2009 年 4 月该电缆终端曾发生 GIS 终端法兰开裂缺陷，在更换了法兰同时必须卸下屏蔽罩、套管等，这也很可能导致应力锥位置偏离。考虑到该电缆终端的运行时间，从 2004 年投运到 2009 年之间未发生故障，判断当时可能除了半导电层削除稍多，应力锥应该是安装到位的，因此没有发生故障。而后来因法兰开裂重新更换时，应力锥未安装到位，经过 4 年的运行最终导致击穿。

## 四、结论

综合来看，可以推断本次电缆终端故障的主要原因是施工质量问题：应力锥安装不到位、半导电层削除过多、应力锥与电缆半导电层搭接不足，导致电场畸变程度大、电场集中明显，设备在长期运行承受工频载荷时发生剧烈地放电，导致击穿。

# 第二章

## 变压器典型缺陷及故障分析

### 第一节　500kV主变压器变中套管上瓷套根部渗漏油

**一、案例简介**

2012年08月26日，巡视发现某500kV变电站主变压器（简称主变）变中套管根部有渗漏油情况，后将3号主变转检修，对套管进一步检查，其油位窗内浮球已至底部，显示窗内已无油位。检查上瓷套根部与法兰接缝面，发现有一两个砂眼，清擦后有小气泡和微量油溢出。

**二、处理措施**

（一）确定套管更换方案

从技术工艺、电网安全、复电速度等多方面进行分析，最终确定由厂家加紧生产一支尺寸匹配、技术参数符合的新套管，更换旧套管。在套管生产阶段，尝试对旧套管现场补油，作为电网突发事件时的快速备用复电方案。

（二）现场施工

（1）套管现场补油。利用真空补油方法缓慢地对旧套管进行补油，并封堵渗漏油面，补油成功，补油后油样结果合格。

（2）套管更换过程。将本体油放至离油箱顶盖25cm处，用吊车及专用导向工具依次拆除套管、导电杆、升高座。将新套管、导电杆、升高座预装好后，整体吊装，并采用专用导向工具依次装好导电杆、升高座及套管。最后进行相关高压、油化试验，试验无异常后投入运行。

（三）现场解体情况

将套管平放，拆除了油枕上端的固定套，抽出了导电铜棒，随后将套管各处进行了密封处理，向套管内加氮气，加压至0.4MPa进行密封性试验。加压

图 2-1 现场解体照片

后在发生漏油的上瓷套根部与法兰接缝面、与法兰相近的瓷套上浇肥皂水，未发现有吹泡、破损现象，说明套管漏油并非上瓷套破损导致的，而上瓷套根部与法兰接缝面的漏油点未发生漏气则应因为渗漏部位已进行了封堵处理。

在拆除密封措施后，敲碎上瓷套，拆出连接法兰、套管本体油与法兰浇铸层密封胶圈现场解体情况如图 2-1 所示。经检查发现该密封胶圈两侧均有油污（怀疑套管通过该密封胶圈漏油，从而导致两侧均有油污）。在拆出密封胶圈后，将胶圈的最厚和最薄处对比可以发现胶圈的半边受力明显大于另一半边。经测量，受力面最厚与最薄处分别为 5.36mm 和 5.04mm，相差约 6.35%。

（四）结论

经解体检查及密封性试验，发现套管上瓷套无裂缝，可知上瓷套与法兰间的密封胶圈由于遭受套管长期倾斜的不均衡压力发生了变形，从而造成套管渗漏油。由图 2-2 也可以清楚地看出，套管倾斜导致底部受压力更大的那一侧漏油现象更严重。

图 2-2 套管漏油现场

## 三、预防措施

（1）由于上、下瓷套与法兰面间连接为一次浇铸成型的紧固结构、瓷套与法兰间的密封胶圈在浇铸前嵌入，因此该类胶圈的受损情况无法检查或更换修复。建议对运行时间长的关键变压器套管进行针对性的渗漏油特巡，检查变压器油位并进行红外测温，发现套管渗漏油、相间温度不平衡等异常情况，应及时处理。

（2）同时，由于该类套管瓷套与法兰间的密封胶圈受损后无法更换，建议对运行时间长的关键变压器套管的厂家、型号、参数等情况进行统计后补充相关套管备品。

# 第二节　500kV 主变压器变低三相套管
# 接地不良缺陷分析

**一、案例简介**

（一）套管预防性试验情况

对某 500kV 主变压器（简称主变）进行预防性试验时发现主变三支变低套管末屏内部均存在不同程度的锈蚀现象，如图 2-3 所示。

（a）　　　　　　　　　　　（b）

图 2-3　主变变低套管锈蚀

（a）末屏座锈蚀；（b）末屏盖锈蚀

通过预防性试验发现该三支套管的末屏接地不良且其中一支末屏存在对地绝缘为零的缺陷。

（二）套管油化学试验

为明确套管内部是否存在由于末屏接地不良引起的放电缺陷，对上述三支套管分别进行了套管油试验，试验结果中可以发现两个问题：

（1）变低套管 x（编号为 x）检测出来微量乙炔（$0.23\mu L/L$），说明套管内部有局部过热或放电的情况。

（2）变低套管 a（编号为 a）的套管油中一氧化碳、二氧化碳及微水含量较高，说明绝缘油及固体绝缘存在老化的情况，且套管密封有损坏。

检修人员分别在三支末屏接地不良的套管末屏盖上开孔，将末屏导杆使用铜线直接与外壳接地，同时使用密封胶将末屏盖开孔部位封堵，以免潮气入侵。

图2-4  2号主变变低套管末屏接地不良处理

经过处理，套管末屏能完全金属性接地。

针对A相主变变低套管x末屏对地绝缘为零问题，在经过检修人员在现场使用风筒等方法对套管末屏进行干燥处理后，套管末屏绝缘电阻有了一定的改善，末屏对地绝缘电阻恢复到600MΩ，但是依然小于规程要求的1000MΩ。

现场处理如图2-4所示。

（1）套管末屏盖螺纹处极易生锈造成卡涩，使得在预防性试验结束后恢复时末屏盖不能完全拧紧。建议末屏盖使用不易生锈的铝或不锈钢材质。

（2）该主变套管末屏盖密封结构只在末屏盖内部有一块密封垫片，如果在末屏盖不能完全旋紧的情况下，该密封垫片将失去密封作用，建议在末屏外部多加一块密封圈或在末屏盖内再加一块密封垫片形成双重密封，如图2-5所示。

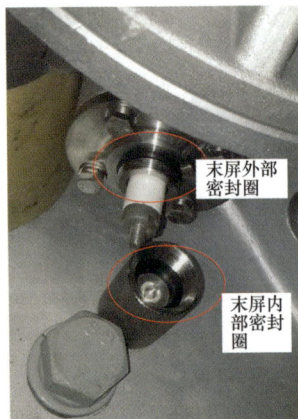

图2-5  套管末屏形成双重密封示意图

# 第三节　500kV 主变压器中性点套管及变低套管介质损耗异常缺陷分析

## 一、案例简介

2013 年在排查、整理某厂变压器历史试验数据过程中，发现某 500kV 主变压器（简称主变）中性点、变低套管介质损耗（简称介损）与出厂数据比较有明显增长，该变压器相关的出厂、交接及近年的介损和电容量试验曲线如图2-6所示。

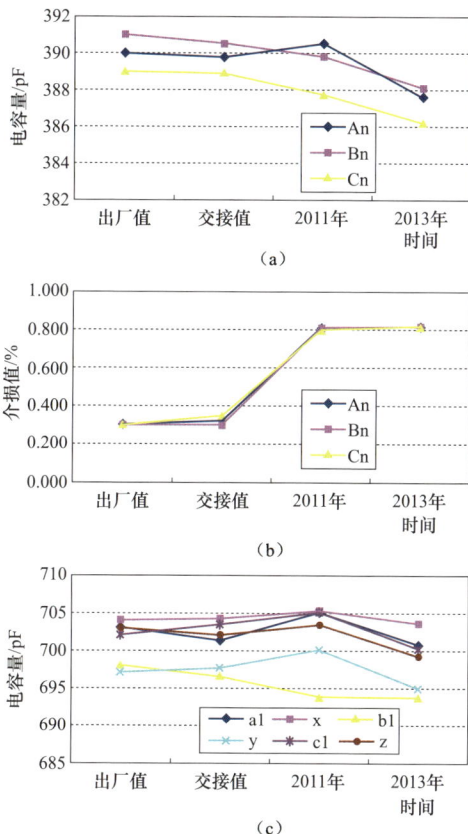

图 2-6　某 500kV 主变中性点和变低套管的介损、电容量变化趋势（一）

（a）中性点套管电容量变化趋势；（b）中性点套管介损量变化趋势；

（c）变低套管电容量变化趋势

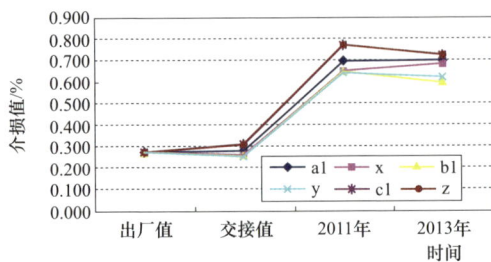

图 2-6 某 500kV 主变中性点和变低套管的介损、电容量变化趋势（二）

(d) 变低套管介损量变化趋势

## 二、试验情况及分析

试验人员在现场利用介电响应测试仪（型号 DIRANA，奥地利 OMICRON 公司），对上述套管开展了频域介电谱（FDS）试验。

（一）变低套管 FDS 试验结果及分析

变低套管 FDS 测试曲线如图 2-7 所示。

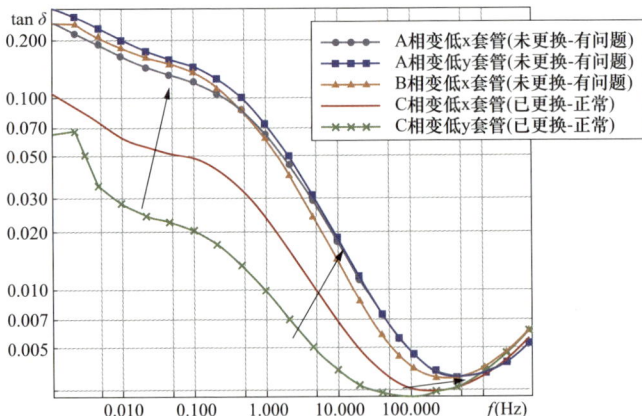

图 2-7 变低套管 FDS 测试曲线

从图 2-7 所示的 FDS 试验结果可以看出，与 C 相正常的变低套管 y 的介损曲线相比，A 相和 B 相套管的介损曲线明显发生偏移，均向高频方向移动。

（二）关于套管受潮的 FDS 试验研究成果

在实验室制作用于研究电缆纸受潮后介电响应特性的油纸绝缘套管模型

（电压等级 40.5kV），如图 2-8 所示。

共设计了两类受潮套管模型，分别是由内向外受潮和由外向内受潮套管模型。由内向外受潮模型主要模拟套管固体绝缘老化过程中产生的水分入侵导电杆的纸层而造成的受潮；由外向内受潮模型主要模拟套管因瓷套与金具密封老化过程中设备外部水分入侵而造成外层绝缘纸的受潮。初步研究两种情况下水分对绝缘劣化影响，分别对其开展 FDS

图 2-8　40.5kV 不同类型
油纸绝缘套管模型

试验，得到由内向外受潮模型与由外向内受潮模型的介损曲线如图 2-9 所示。

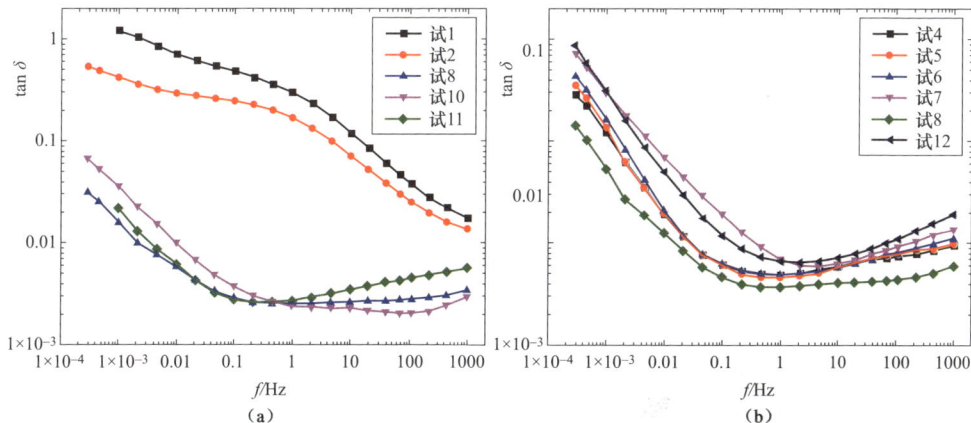

图 2-9　受潮模型的介损曲线

（a）由内向外受潮的介损曲线；（b）由外向内受潮模型的介损曲线

将变低套管的 FDS 试验曲线（图 2-7）与图 2-9 比较，可以看出主变变低套管的介损曲线平移规律与套管电容芯子由内向外受潮存在水分后的介损曲线变化规律一致，由于该套管的运行年限不满 4 年，初步判断是电缆纸受潮引起的，很可能是电缆纸干燥不充分造成的，属于工艺缺陷。

### 三、预防措施

基于上述分析结果，可以得出低压套管和中性点套管介损呈现增大趋势，是由于电缆纸干燥不彻底造成的。建议尽快进行套管更换，套管更换后，应在巡视中开展红外测温检查，发现套管有异常发热现象及时停电处理。

# 第四节　主变压器套管末屏放电缺陷分析

## 一、案例简介

2013年3月12日和14日，运维人员分别对某220kV主变压器（简称主变）及某110kV主变检查维护时，发现各有一根套管末屏存在放电烧伤、接地不良的现象。

### （一）基本情况

3月12日，检查发现某220kV主变变中套管末屏内部试验端子严重烧黑，且末屏接地不良。

### （二）检查测试

清洁处理套管末屏后，对套管进行电容量、介质损耗、末屏绝缘试验，结果均正常。拆开末屏座，发现试验端子及金属护套表面均积满烧黑的油泥，如图2-10所示。后对末屏座及试验端子进行了更换，如图2-11所示。

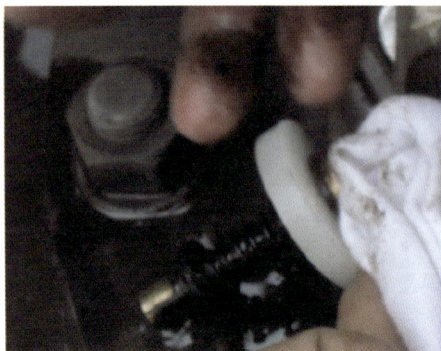

图2-10　布满黑油泥的末屏端子　　图2-11　新更换的末屏端子及护套

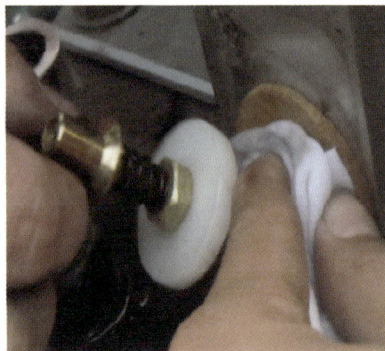

进一步对套管取油样检测，数值见表2-1，其中各项指标均严重超标。

表2-1　　　　　　　油样检测结果

| 氢 | 甲烷 | 乙烷 | 乙烯 | 一氧化碳 | 二氧化碳 | 总烃 |
| --- | --- | --- | --- | --- | --- | --- |
| 1943 | 278.12 | 201.27 | 380.27 | 266 | 840 | 1508.09 |

### （三）处理建议

因套管末屏接地不良引起的内部绝缘破坏，建议更换套管。

（一）基本情况

3月14日下午，检查发现某110kV主变变高套管末屏试验端子护套与末屏座间有明显放电痕迹，且末屏接地不良，如图2-12所示。

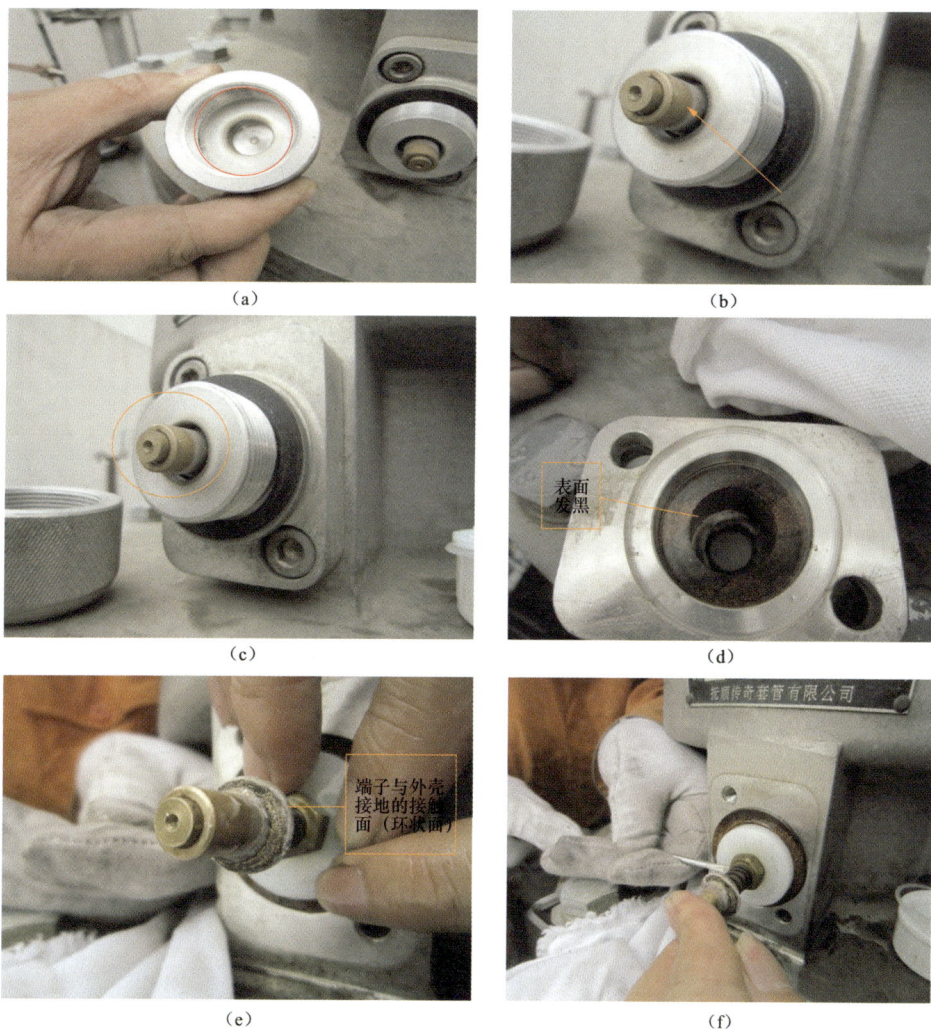

（a）

（b）

（c）

表面发黑

（d）

端子与外壳接地的接触面（环状面）

（e）

（f）

图2-12 套管末屏试验端子有明显放电痕迹

（a）封盖；（b）试验端子；（c）末屏外壳；（d）末屏外壳（拆开屏底座后视图）；

（e）放电表象；（f）弹簧老化疲劳

（二）检查测试

用万用表测量套管试验端子及金属护套对地有接地不良现象。对套管进行介质损耗、电容量、取油样检测，结果均在标准范围内，试验合格。

（三）处理建议

根据以上现象分析运行中套管末屏接地不良，发生放电现象，但尚在初步阶段，并未造成末屏试验端子与末屏内部间的密封破坏，套管绝缘油正常。因放电并未影响内部绝缘油质量，建议更换套管末屏座、试验端子金属护套。

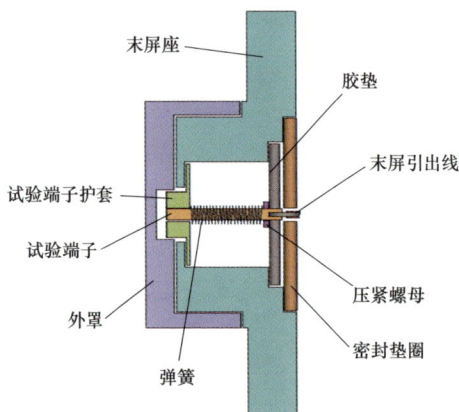

图 2-13　变压器套管末屏结构

### 三、原因分析

变压器套管末屏结构如图 2-13 所示。由于采用常接地式末屏装置的主变套管在每次开展套管预防性试验时均需推挤接地套，再用表笔（或螺丝刀、销钉、铁丝）插入接线柱孔中，使末屏与地绝缘，这种接地套下压的方法容易损伤末屏接线柱或接地套，产生毛刺或进入杂物导致接地套卡塞不能完全复位，且多次重复按压也会造成末屏接地套弹簧的老化、弹性减小。因此，套管长时间运行后末屏接地套弹簧老化、弹性减小或卡塞，或接地套与套管内侧接地金属法兰接触面受潮氧化引起接触电阻增大，均会发生套管末屏接地不良的缺陷。

### 四、预防措施

（1）应结合预防性试验、定期检查等综合停电的机会，对该同类型套管的末屏进行接地情况排查，发现末屏接地不良的情况应及时予以处理。

（2）建议主变的套管末屏接地方式采用故障率较低、运行较稳定的末屏接地方式，防止末屏材料问题引起的末屏盖无法打开或滑牙导致末屏密封不良。

（3）在日常试验、检修过程中，应避免使用螺丝刀等尖锐工具推动接地套，以保证铜螺杆与接地套接触面光滑、契合。试验后应检查接地套是否活动自如、表面是否粗糙，并测试接地是否正常。

（4）在日常运维过程中，建议定期对套管末屏部分进行红外测温检查，对因接触不良产生发热的套管末屏及早发现并及时处理，消除运行隐患。

# 第五节　气体继电器内部受潮导致主变压器重瓦斯保护动作

## 一、案例简介

2012 年 6 月 10 日 5 点 7 分，某 110kV 变电站 1 号主变压器（简称主变）重瓦斯保护动作，跳开高低压两侧断路器，10kV 备自投装置合上 10kV 分段 521 断路器，差动及其他保护均未启动。

## 二、保护动作情况及分析

1 号主变保护基本配置情况见表 2-2。

表 2-2　　　　　　　　1 号主变保护基本配置情况

| 站端 | 保护分类 | 规格型号 | 投产日期 |
|------|---------|---------|---------|
| A 站 | 差动保护 | RCS-9671C | 2009.07 |
| | 高后备保护 | RCS-9681C | |
| | 低后备保护 | RCS-9681C | |
| | 非电量保护 | RCS-9661C | |

1 号主变保护动作报告（差动、高后备、低后备保护均未启动）：

2012 年 6 月 10 日：5：7：44.774　本体重瓦斯保护动作；

2012 年 6 月 10 日：5：8：41.687　本体重瓦斯保护动作返回。

10kV 备自投保护基本配置情况见表 2-3。

表 2-3　　　　　　　　10kV 备自投保护基本配置情况

| 站端 | 保护分类 | 规格型号 | 投产日期 |
|------|---------|---------|---------|
| A 站 | 微机保护 | NDB-310 | 2009.07 |

10kV 备自投保护动作报告：

动作时间：2012 年 6 月 10 日 5：7：49.986；

动作类型：自投逻辑 V 动作；

动作时间：5s；

自投逻辑 V：Ⅰ母失压，跳 501 断路器，合 521 断路器。

根据保护动作报告及 SOE 报文，判断从 5：7：44.774 起，保护动作情况见表 2 - 4。

表 2 - 4 保护动作情况

| 序号 | 时间 | 事 件 |
|------|------|-------|
| 1 | 0ms | 1 号主变本体重瓦斯保护动作 |
| 2 | 21ms | 变低 501 断路器跳闸 |
| 3 | 23ms | 变高 1101 断路器跳闸 |
| 4 | 5291ms | 10kV 备自投动作 |
| 5 | 8272ms | 分段 521 断路器合闸 |
| 6 | 56913ms | 1 号主变本体重瓦斯保护动作返回 |

## 三、检查情况

二次部分：检查 1 号主变保护定值、动作报告、相关二次回路及 SOE 事件信息，结果均正常，10kV 备自投正确动作；对回路检查发现 1 号主变本体重瓦斯回路有直流接地现象，怀疑气体继电器二次接线有受潮、短路情况。

一次部分：现场检查 1 号主变油位正常，无喷油及漏油现象，压力释放阀未动作，1 号主变整体未见异常。对本体取油样检查，色谱、微水均合格。本体气体继电器外观良好，内无集气，且有安装不锈钢防雨罩，气体继电器二次端子盒两侧二次电缆护套头外部密封胶封堵良好。进一步打开二次端子盒，发现内部有进水、受潮现象，二次接线端子有氧化、腐蚀痕迹，一侧二次电缆出口内部有进水、受潮现象，另一侧出口良好，且两个出口均未采用密封胶封堵，如图 2 - 14 所示。气体继电器顶盖密封垫圈良好，但各二次触点绝缘测试均不合格。处理后的气体继电器如图 2 - 15 所示。

图 2 - 14 1 号主变气体继电器二次电缆布线（高出出线口）及端子盒内受潮情况

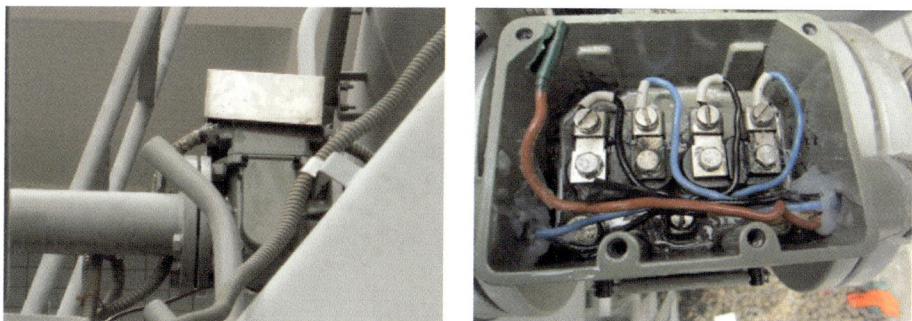

图 2-15  处理后的 1 号主变本体气体继电器

## 四、原因分析

对主变重瓦斯保护分析如下：

（1）故障跳闸直接原因。气体继电器内二次端子盒进水，二次接线受潮、腐蚀，引起二次短路，重瓦斯跳闸误动。

（2）二次端子盒进水的根本原因。该变压器本体气体继电器二次电缆不锈钢软管安装布置不合理，其位置高于气体继电器二次电缆出口，而该类型不锈钢软管电缆护套为非密封结构，雨水进入软管后沿软管内壁倒灌，进入气体继电器二次端子盒内，导致二次接线受潮、腐蚀。

暴露的问题有：

（1）施工单位现场安装时二次电缆不锈钢软管布置不合理，软管高于气体继电器二次电缆出口，造成雨水倒灌；且未对气体继电器二次电缆端子盒内两个二次出线口进行封堵。

（2）相关反措、验收标准未对该类型软管的安装布置高度进行明确要求，验收人员缺乏该类情况的检查意识。

（3）厂家安装说明书及维护要求中未对该类型软管的布置高度有相关要求及指引，造成验收、检查及维护的疏漏。

## 五、预防措施

（1）对同厂家生产的主变气体继电器二次电缆不锈钢软管护套进行专项隐患排查。

（2）对排查后存在不锈钢软管护套安装高于气体继电器二次端子盒二次电

缆出口隐患的主变申请停电，并对气体继电器、不锈钢软管布置进行专项维护清理、封堵、调整及调试。

(3) 在主变安装、验收、日常维护环节中加入对气体继电器二次电缆不锈钢软管布线的要求及检查。

# 第六节　套管密封不良导致主变压器短路故障

## 一、案例简介

2011 年 8 月 15 日 15 时 30 分 4 秒 228 毫秒，某 110kV 变电站 1 号主变压器（简称主变）本体内部发生 B 相短路，一次最大故障电流有效值约为 10494A，1 号主变本体压力释放动作喷油，差动速断动作，本体轻、重瓦斯动作，1 号主变两侧断路器跳闸。跳闸后，10kV 备自投装置启动，成功合上 532 断路器和 521 断路器，10kV 1M 恢复正常运行，未造成负荷损失。

## 二、保护动作情况及分析

1 号主变保护动作情况见表 2-5。

表 2-5　　　　　　　保 护 动 作 情 况

| 1 号主变差动保护启动时间：2011.08.15 15：30：04：228 | | | | | |
|---|---|---|---|---|---|
| 保护名称 | 保护型号 | 动作元件 | 动作时间（ms） | 故障类型 | 故障电流（有效值）（A） |
| 1 号主变 | NSA-3171 | 差动速断 | 20 | 本体内部 B 相短路 | 一次值约 10494A 二次值约 26.235A （变高 TA 变比：400/1） |
| | | 比率差动 | 30 | | |
| | NSA-3161 | 本体压力释放 | 10 | 本体内部 B 相短路 | |
| | | 本体重瓦斯 | 67 | | |
| 10kV 备自投装置启动时间：2011.08.15 15：30：04：411（10kV IM 失压、进线 501 断路器无电流） | | | | | |
| 保护名称 | 保护型号 | 动作元件 | 动作时间（s） | 备注 | |
| 10kV 备自投 | FWK-J10kV V2.0 | 跳 501 断路器 | 3.0 | 满足方式一： 投入 532 负荷均分，IM 失压， 跳 501，先合 532，再合 521 | |
| | | 合 532 断路器 | 6.0 | | |
| | | 合 521 断路器 | 9.01 | | |
| | | 备自投成功 | 14.09 | | |

电气量保护方面：由 1 号主变差动保护、高后备保护试验后可知，1 号主变

高压侧B相出现大电流［二次有效值最大约为26.235A，进行Y-d转换后二次有效值约为23$I_N$（$I_N$为额定电流）］，高压侧电压$U_{ab}$、$U_{bc}$明显降低（二次有效值最小约为13V），且高压侧零序电压$U_o$明显升高（二次有效值最大约为23.72V）；差动保护装置记录差流$I_{da}$与$I_{db}$相位相反、幅值相等（进行Y-d转换后二次有效值约为21.17$I_N$），而$I_{dc}$基本为零，可以判断1号主变保护范围内发生B相短路故障，保护定值内差动速断为7$I_N$、比率差动起动电流为0.4$I_N$，故障电流远大于整定值，故1号主变差动保护正确动作。

非电量保护方面：由故障时SOE记录可知，本体压力释放最先动作（约10ms），而后本体重瓦斯动作（约67ms），由此判断主变本体内部发生严重短路故障，引起变压器油分解出大量气体，导致压力释放阀及气体继电器动作，故1号主变非电量保护正确动作。

### 三、检查和试验情况

故障发生后，对主变外观进行检查发现主变压力释放阀动作喷油，主变油枕油位为零刻度，发油位低信号。本体气体继电器内已无变压器油，主变压器高压侧（又称主变变高）B相套管断裂，套管已无油位。A、C相套管存在不同程度裂纹，套管油位正常，如图2-16所示。主变其他部件未见异常。

对主变本体和变压器高压侧（简称变高）A、C相套管绝缘油取样化验，本体油含有乙炔1439.83μL/L（南网标准小于5μL/L），总烃3738.33μL/L（南网标准小于150μL/L），判断为高能量放电所致，报告见表2-6。

表2-6　　　　　　　　　　　　　绝缘油取样化验报告　　　　　　　　　　（单位：μL/L）

| 设备名称及试验日期 | 氢 | 甲烷 | 乙烷 | 乙烯 | 乙炔 | 一氧化碳 | 二氧化碳 | 总烃 | 结论 | 备注 |
|---|---|---|---|---|---|---|---|---|---|---|
| 1号主变本体（2011-8-15） | 4483 | 1121.96 | 77.06 | 1099.48 | 1439.83 | 639 | 1669 | 3738.33 | 氢、总烃、乙炔超注意值 | 下部取样阀，近A相，17：00左右取样 |
| 1号主变瓦斯气（已漏气）（2011-08-15） | 2109 | 7.13 | 0.42 | 0.46 | 未检出 | 160 | 1932 | 8.01 | 氢超注意值 | 17：30左右取样 |
| 1号主变高压侧套管A相（2011-8-15） | 35 | 8.97 | 1.42 | 0.86 | 0.90 | 473 | 641 | 12.45 | 含乙炔 | 18：00左右取样 |
| 1号主变高压侧套管B相（2011-8-15） | 未检 | 未检 | 未检 | 未检 | 未检 | 未检 | 未检 | 未检 | | 套管破损，无油可取 |

| 设备名称及<br>试验日期 | 氢 | 甲烷 | 乙烷 | 乙烯 | 乙炔 | 一氧化碳 | 二氧化碳 | 总烃 | 结论 | 备注 |
|---|---|---|---|---|---|---|---|---|---|---|
| 1号主变<br>高压侧套管C相<br>（2011-8-15） | 32 | 8.55 | 1.24 | 0.14 | 未检出 | 632 | 369 | 9.93 | 合格 | 18：00<br>左右取样 |

（a）

（b）

（c）

图2-16　三相套管检查情况

（a）A相套管；（b）B相套管；（c）C相套管

对主变进行绕组变形试验、直流电阻试验、变比试验和套管试验，本体试验数据未见异常，变高三相套管试验不合格。

8月17日，拆除变高三相套管，其中变高A、C相套管油中部分完好，如图2-17所示。变高B相套管下部明显有放电痕迹，环氧树脂筒已炸裂，并且延长管已脱落，分别如图2-18、图2-19所示。

图 2-17 变高 A、C 相套管检查情况

图 2-18 变高 B 相套管检查情况

8 月 18 日，对套管进行解体检查发现，变高 B 相套管侧面取油样螺栓处无密封圈，且取油样螺栓下部的贴纸已变形，判断为该处泄漏高温油将贴纸烫变形，如图 2-20 所示。经了解，厂家和运行单位均未曾对该套管进行过取油样，推断该套管出厂时漏装取油样螺栓处密封圈。A、C 相套管顶部取油样螺栓密封圈完好且紧固，套管末屏接地良好，没有放电痕迹，其中 C 相密封检查情况如图 2-21 所示。

图 2-19 变高 B 相套管延长管脱落

图 2-20 B 相套管密封检查情况

图 2-21 C 相套管密封检查情况

另外，B相套管末端均压球与导杆间烧穿，延长管下端和上端均有放电烧伤痕迹，如图2-22与图2-23所示。将电容芯子各层拆解，层间未发现放电痕迹。解体后，对B相套管再次测量介质损耗，介质损耗数据合格，表明套管电容芯子未受潮。

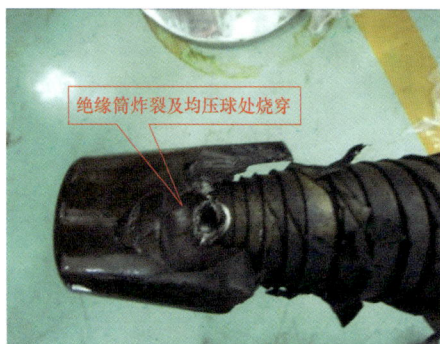

图2-22　延长管下端放电烧伤痕迹

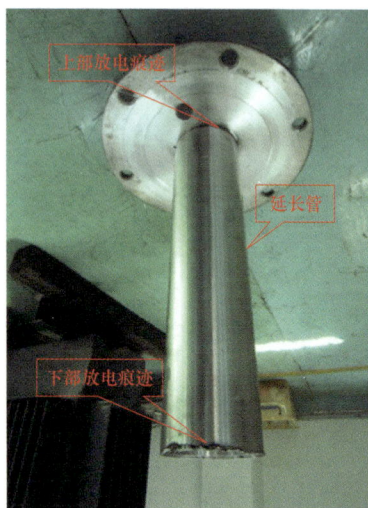

图2-23　延长管放电烧伤痕迹

## 四、原因分析

通过对主变套管的全面检查，结合保护动作情况及事故后试验情况，判断变高B相套管密封不良是引起短路故障的直接原因。变高B相套管出厂时侧面取油样螺栓处漏装密封圈，导致潮气或水分进入套管内，并沉积在套管底部，使套管内绝缘油的绝缘强度下降，引起均压球部位的环氧绝缘筒内壁及套管电容芯子台阶沿面放电。放电路径如图2-24所示：套管接线掌—芯子铝管—均压球—环氧绝缘筒内壁（电容芯子表面）—延长管—法兰（接地），导致单相接地故障。由于短路电流未流经变压器绕组，故变压器绕组试验未见异常。放电致使套管内绝缘油压力膨胀导致环氧绝缘筒炸裂，同时压力膨胀也导致上瓷套与下法兰处炸裂。放电使油温急剧升高，本体内变压器

图2-24　放电路径

油压急速升高，使变高 A、C 相套管受冲击产生裂纹。

## 五、预防措施

（1）严格执行设备出厂前的检验流程规定，加强产品质量控制，特别是外购部件的质量把控。

（2）结合停电计划，开展套管密封性检查工作。检查注油孔螺栓是否装有密封圈、密封圈是否完好，漏装或破损时立即补充或更换；检查注油孔螺栓是否紧固，确保密封圈密封良好。

# 第七节　220kV 主变压器调压开关故障

## 一、案例简介

2013 年 3 月 11 日，运行人员对某 220kV 变电站的 3 号主变压器（简称主变）调压开关进行调挡（从 4 挡调到 3 挡）后 20min，3 号主变非电量有载重瓦斯保护动作，跳开 2203、1103、503A、503B 断路器。经检查，保护正确动作。试验人员对主变进行直流电阻测试，发现变压器高压侧（简称变高）B 相已开路，A、C 相直流电阻正常，判断调压开关 B 相故障，主变无法恢复运行。

## 二、故障解体情况

现场对主变调压开关进行吊芯检查（如图 2-25～图 2-31 所示）。放油时，发现调压开关油严重发黑，有许多杂质和碳泥。随后，吊出切换开关解体，发现切换开关 B 相一过渡电阻烧损并有熔化物遗留痕迹，用绝缘电阻表测试该过渡电阻，阻值异常。同时，发现 B 相奇数挡主触头处有严重发热烧损现象，附近绝缘构件烧毁严重，主触头的动触头已烧变形，其他各触头磨损程度正常。另外，B 相切换开关的一条弧触头软连接编织带已烧断。各相切换开关的过压保护片有放电痕迹。对储能机构和开关油室筒壁进行检查，未发现异常。

## 三、原因分析

根据切换开关解体情况，B 相切换开关奇数挡主触头及附近部件烧毁严重。分析判断为运行中由于 B 相切换开关奇数挡主触头的弹力不足或者卡涩，使接触电阻增大，触头发热烧坏。同时，调压开关油在高温作用下，开关油室压力迅速增大，油流快速通过开关油流继电器，使油流继电器动作，非电量有载重瓦斯保护动作，跳开主变三侧开关。

图2-25 利用吊车和葫芦将切换开关从主变吊出

图2-26 切换开关外观图

图2-27 过渡电阻处的熔化物

图2-28 故障点附近的绝缘构件烧毁严重

图 2-29　B 相切换开关奇数
挡主触头烧损情况

图 2-30　B 相切换开关弧触头
软连接编织带烧断情况

B 相切换开关奇数挡主触头烧坏可能原因如下：

（1）切换开关的过压保护间隙有放电痕迹，推断该调压开关在运行期间已经承受了多次过电压放电，如图 2-32 所示。

（2）现场发现切换开关中部分螺母不是该调压开关厂家 MR 公司常用的螺母，同时发现某个过渡触头有人为戳孔的现象，如图 2-33 所示，并且 MR 公司未查到有该调压开关的检修记录。由此推断，该调压开关曾被其他非专业厂家大修过。怀疑其他厂家在解体、维修调压开关时，对调压开关隐患未及时发现导致运行中引发故障。

**四、预防措施**

（1）在主变调压开关大修时，严格按照厂家要求，委托调压开关厂家认证的维修单位进行检修，确保检修质量；

图 2-31　B 相切换开关主触头的
动触头烧毁情况

（2）在日常巡视中，运行人员利用红外检查套管等部位的温度，并特别留意套管有无渗漏油、主变有无异常声响等现象；

（3）试验人员应用分辨率 640×480 以上的高精红外成像测试仪检测，对该站运行中的主变开展一次红外精确检测，并记录红外图谱；

（4）定期检查油色谱在线监测系统运行情况，并对在线监测数据做好跟踪和对比分析。

图 2-32　过压保护间隙可见已发生
　　　　　多次放电现象

图 2-33　切换开关的弧触头有人为戳孔现象

# 第三章

## 组合电器典型缺陷及故障分析

### 第一节 110kV GIS 断路器内部绝缘
### 支柱劣化导致局部放电

**一、案例简介**

2012 年 3 月 28 日、5 月 15 日，对 110kV 某变电站（A 站）的 GIS 设备进行了两次超高频带电局部放电（简称局放）测试，确认 A 站 110kV 某线路断路器间隔存在局放信号，并判断局放源在 B 相断路器下部与波纹管连接的盆式绝缘子处。2010 年该处局放测试无信号。

5 月 28 日，某专业 GIS 在线监测厂家再次进行测试，根据记录数据分析：局放位置位于 B 相断路器下端与伸缩节之间盆式绝缘子中间（图 3 - 1 中 E 处）或左右两侧，信号幅值达 300pC 以上，放电类型为自由粒子。经过分析认为设备存在运行风险，需尽快申请停电进行消缺。

根据试验情况，组织 GIS 设备厂家于 5 月 31 日至 6 月 8 日期间对停电 A 站的 110kV 某线路间隔 B 相断路器及母线侧隔离开关气室进行解体检修，以完成局放缺陷处理，确保设备正常可靠运行。

图 3 - 1 标记处为局放定位位置

**二、检查情况**

5 月 31 日在各方见证下，现场对 A 站 110kV 某线路 B 相断路器进行解体。现场由于空间限制暂时只对 B 相局放定位位置进行解体。看到盆式绝缘子表面干净，并没有放电点、毛刺或污秽。

由图 3-2 可以看到导体杆靠盆式绝缘子侧有一明显放电点，在图中圆圈位置。对应的盆式绝缘子静触座也发现一处明显放电点，在图中圆圈位置。如图 3-3 所示。

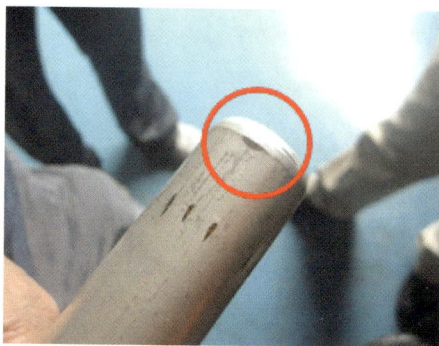

图 3-2　波纹管内导体杆靠盆式绝缘子侧放电点

图 3-3　盆式绝缘子靠近波纹管静触座放电点

断路器室导体杆上静触头并没有发现明显放电痕迹，但该触头表面有明显磕碰过的痕迹，用手触摸可以感觉到有突起存在。该静触座并没有发现明显放电点。

分析：从上述解体照片可以发现，只有图 3-2 和图 3-3 发现明显放电点异常，放电位置在波纹管内插入盆式绝缘子的导体杆顶端，初步分析有可能因该动触头装配工艺引起的动触头过长，在插入静触头时由于虚接导致顶端放电，从而引起局放超标，但气体组分分析并未发现有异常气体组分存在，与该结论不符。在更换了局放定位位置的盆式绝缘子并对放电痕迹进行处理之后，并确定其他部件没有发现异常的情况下，重新组装恢复准备试验，又发现存在相似的局放信号，且发生位置及幅值与处理前基本一样，因此排除了盆式绝缘子缺陷及导体杆放电对局放的影响，怀疑为断路器室绝缘件产生的局放信号。

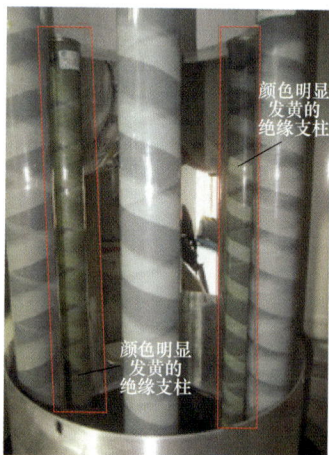

图 3-4　颜色明显发黄的绝缘支柱

同时发现 6 根绝缘支柱有 3 根颜色明显发黄，如图 3-4 所示。更换该间隔 B 相断路器室全部绝缘件，包括 1 支绝缘筒、1 根绝缘拉杆、6 根绝缘支柱，并将更换下的设备封装进行返厂试验。将绝缘件更换后再次组装恢复后进行试验，没有发现局放超标情况，设备投运。

## 三、原因分析

### （一）X射线探伤

针对以上的分析结果，对A站6根绝缘支柱（编号：2210、2212、2213、2214、2215、2220）和1根绝缘拉杆（编号382）进行可旋转的X射线探伤，重点对3根颜色发黄的绝缘支柱进行了探伤，探伤结果显示绝缘支柱存在内部孔隙、绝缘材料缠绕不均匀等绝缘劣化情况。其中，编号为2210的绝缘支柱X射线图片如图3-5所示。

编号为2213绝缘支柱内部劣化情况最严重，发现多处内部绝缘材料劣化的情况；编号为2214的绝缘支柱表面内部存在均匀的、上下贯通的缝隙；编号为2210、2212、2220三支绝缘支柱疑似存在轻微缺陷。因此初步判断局放原因为以上绝缘支柱绝缘材料缠绕不良，导致长期运行后绝缘材料劣化。

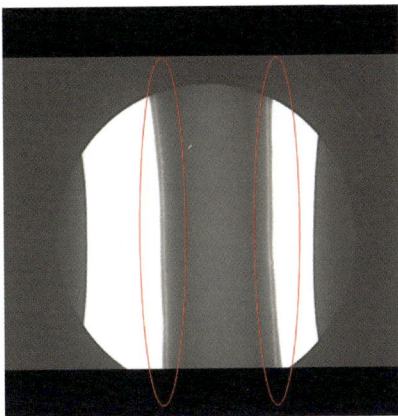

图3-5　编号2210的绝缘支柱X射线图片

### （二）局放试验

由于该绝缘件属于厂家定制产品，第三方检测机构及其他厂家均没有该型绝缘支柱局部放电试验的工装（用于固定特定试品的工艺装备），因此经过X射线探伤初步判断后，于8月1日对以上6根绝缘支柱和1根绝缘拉杆进行了局放研究性试验。由于不具备相关规定的局放测试条件，因此该项局放试验只能在大气中完成，不能够定量进行局放分析，仅作为定性分析依据。

现场测试设备选用PM05局放测试仪，测试方法为超高频法。现场从8月1日上午10时对以上7支绝缘件进行加压，考虑到测试现场条件与设备运行条件的差异及加压时间的长短，因此现场测试所施加的电压为78.2kV，要高于GIS设备抽检要求的局放测试电压（87kV×0.8＝69.6kV），加压至下午14时30分左右开始进行局放试验，现场局放测试激发电压为86kV，测试电压为78.2kV，探头距试品3cm左右。初步测试结果发现2210、2212有微弱的局放信号，2213有非连贯、不均匀的、较明显的局放信号，这3根均是颜色发黄的，其中2213

颜色最黄。由于现场测试条件及测试时间限制并不能判断局放信号类型，2214、2215绝缘支柱及382绝缘拉杆并未发现局放信号，2210、2212由于局放信号微弱不足以判断为局放信号，2213为本次局放试验最有可疑的局放源，这也和X射线探伤结果吻合。2010、2012绝缘支柱局放频谱如图3-6～图3-7所示。

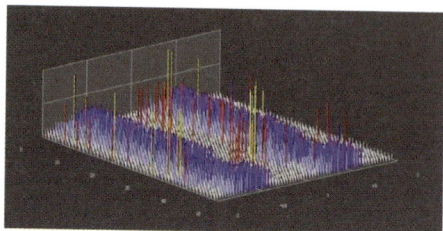

图3-6　编号2210绝缘支柱局放频谱图　　图3-7　编号2212绝缘支柱局放频谱图

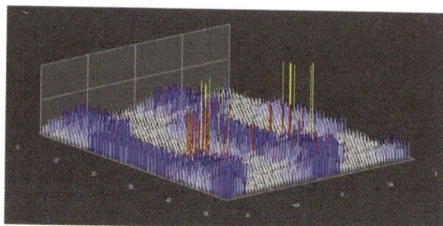

## 四、预防措施

根据现场解体及诊断试验结果，可以判断引起此次110kV GIS某线路断路器B相局放超标的位置在6根绝缘支柱上，6根绝缘支柱由于工艺不良绝缘劣化导致局部放电。同年该厂同批次产品同样因绝缘支柱放电导致内部烧损故障，因此，针对该绝缘件工艺问题，建议措施如下：

（1）要求该厂改进工艺，不再购置采用该工艺产品。

（2）对该厂同批次采用该工艺的产品进行逐一排查，开展带电局放测试和X射线探伤。

（3）对排查过程中发现存在局放的产品结合停电机会更换全部同类绝缘件。

（4）要求所有GIS厂家供货时提供外购零部件检测报告。要求厂家采购绝缘件时入厂检测必须包含局放检测项目，同时建议开展X射线探伤检测。

## 第二节　110kV GIS隔离开关气室内部簧片与动触头间接触不良导致悬浮电位放电

### 一、案例简介

2011年5月28日，对某GIS断路器进行投运前耐压试验，同时进行局部放电（简称局放）测试试验。加压方式为串联谐振加压，从1号主变压器（简称主变）上方的穿墙套管加压，经110kV GIS 1101间隔、母线GIS，最终对

110kV某断路器气室进行耐压，三相依次进行耐压试验。在耐压试验进行的同时测量相应间隔的局部放电信号。对 A 相进行试验，加压至 90kV 进行老练试验，同时测量局放。

在进行超高频测量时，发现全部测试点均检测到局部放电信号，在 11014 隔离开关气室两侧盆式绝缘子信号幅值最大 170pC，向两边逐渐减小，怀疑在 11014 隔离开关气室附近有局放。降压至运行电压 63.5kV 时在同样位置发现局放信号，且幅值较大，幅值最大值在相同测试点。测试软件专家库分析局放类型为：概率为 30％左右的颗粒放电、概率为 20％左右的空穴放电。

图 3-8 为超高频测试的测试点位置图：其中测试点 A 为 11014 隔离开关气室靠主变侧盆式绝缘子，测试点 B 为 11014 隔离开关气室靠 1101 断路器侧盆式绝缘子，测试点 C 为 1101 断路器气室靠母线侧盆式绝缘子。测试各点的信号及数据如图 3-9 所示。

图 3-8　超高频测试的测试点位置图

另外，超声结果测试同样显示，在 90kV 时发现在 11014 隔离开关气室和 110140 接地开关气室均有局放信号产生，而且幅值比较大，达到 280mV（峰值）；电压降至运行电压 63.5kV 时，在同样位置局放信号同样存在幅值为 170mV（峰值）；在被试设备的其他气室没有发现明显的局放信号，怀疑局放信号产生源位于 110140 接地开关气室内部。

鉴于两种测试方法均在同样位置附近发现局放信号，且幅值比较大，A 相的耐压试验暂停。

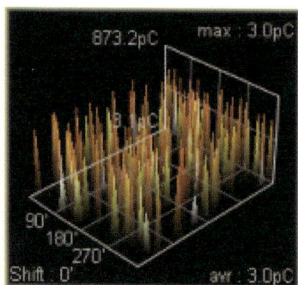

测试点A的各种放电概率

| | |
|---|---|
| 空穴放电 | 20% |
| 颗粒放电 | 31% |
| 悬浮电极放电 | 1% |
| 电晕放电 | 1% |

(a)

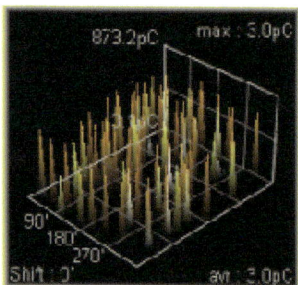

测试点B的各种放电概率

| | |
|---|---|
| 空穴放电 | 19% |
| 颗粒放电 | 28% |
| 悬浮电极放电 | 1% |
| 电晕放电 | 1% |

(b)

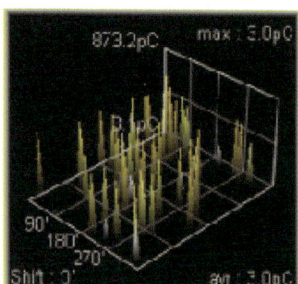

测试点C的各种放电概率

| | |
|---|---|
| 空穴放电 | 1% |
| 颗粒放电 | 38% |
| 悬浮电极放电 | 3% |
| 电晕放电 | 0% |

(c)

图3-9　测试各点的信号及各种放电概率
(a) 测试点A；(b) 测试点B；(c) 测试点C

随后进行的B相、C相耐压试验和局放试验结果正常。

第二次升压时，运行电压63.5kV下没有检测到明显的局放信号，升压至90kV老练电压时，发现有明显的局放信号，情况与第一次测量类似，超高频测量最大幅值点依然在11014隔离开关气室两侧的盆式绝缘子上。电压升至184kV，保持1min，耐压试验通过。之后，又对该站出现的故障间隔进行了带电测试，认为运行过程中并不存在放电，轻微间歇性的信号可能是干扰造成的。

但鉴于耐压时的局放情况，认为11014隔离开关气室在升压过程中可能存在一个持续的能量较高的放电信号，且该信号很可能在110140接地开关位置。决定对该间隔进行解体、查找局放点、消除缺陷，确保大运会供电安全的万无一失。

## 二、原因分析

全站停电后，对11014隔离开关气室进行解体，故障气室所处部位及解体位置如图3-10中圆圈位置所示。

接地开关的动触头处有一个导向盘，该导向盘用来固定动触头的位置，动触头在上下动作时都要在导向盘的固定下进行相对运动，情况如图3-11所示。为避免导向盘与动触头产生金属摩擦，导向盘与动触头之间加入了绝缘垫片。正常情况下，导向盘与动触头的导杆通过金属簧片紧密连接后接地，防止悬浮电位的产生。

图 3-10　故障气室及解体部位情况

图 3-11　接地开关动触头的结构情况

解体结果发现 110140 接地开关 A 相动触头导电杆与其起固定作用的弹片没有紧密接触，如图 3-12 所示。导致在耐压试验或正常运行状态下，110140 接地开关处分闸状态，其静触头侧带 110kV 电压，动触头的导向盘处因感应而产生悬浮电位，从而产生了局放信号。

经检查发现，A 相的导电杆上存在放电痕迹，如图 3-13 所示。GIS 生产厂家更换了该处弹片，保证了导向盘金属部件与导电杆的电气连接，防止了悬浮电位的产生。

图 3-12　未接触紧密的弹片情况

图 3-13　A 相导电杆上的放电痕迹

## 三、预防措施

110140 接地开关 A 相动触头导电杆与其起固定作用的弹片没有紧密接触，导致在耐压试验或正常运行状态下，110140 接地开关处分闸状态，其静触头侧带 110kV 电压，动触头的导向盘处因感应而产生悬浮电位，从而产生了局放信号。故障气室的局放问题在运行中的带电测试中尚无表现，却在交接试验的高电压下暴露无遗，可见在交接试验中进行 GIS 局部放电试验的必要性和重要性。虽然该问题短期运行并不严重，但导电杆上已经出现了放电痕迹，在今后的运行中可能会逐渐发展成为危害运行的重要隐患，为此应加强在 GIS 交接过程中耐压试验过程同步开展局放的测试。

# 第三节　分闸线圈设计缺陷导致<br>110kV GIS 断路器动作延迟

## 一、案例简介

（一）110kV A 变电站 110kV M 线 1572 断路器动作延迟

2012 年 6 月 11 日，110kV M 线 1572 断路器发生 A 相瞬时接地故障，110kV B 变电站电流差动保护动作切除 B 站 1572 断路器，A 站电流差动保护、零序过流Ⅱ段、距离Ⅱ段、零序过流Ⅲ段保护动作，A 站 1572 断路器延时跳开，C 变电站某Ⅰ、Ⅱ线零序过流Ⅱ段动作切除 C 站某线 1518 断路器、某线 1519 断路器，此时故障电流被切除。随后，C 站某线 1518 断路器、某线 1519 断路器重合闸成功，B 站 1572 断路器重合闸成功。由于对侧已跳开，B 站电压仍未恢复，B 站 110kV 备自投动作切除 M 线 1572 断路器，合上 1573 断路器，B 站电压恢复正常。

（二）110kV D 变电站 110kV 某线 1181 断路器动作延迟

2012 年 4 月 20 日，110kV 1181 线发生 B 相瞬时接地短路故障，D 站侧保护动作跳开 110kV 1181 断路器，断路器动作延迟，B 站 110kV 1M 失压、10kV 1M 失压，10kV 备自投动作，成功合上 10kV 1M、2M 分段断路器 521 断路器。

## 二、检查情况

（一）A 站 110kV M 线 1572 断路器相关检查情况

1. 停电检查情况

（1）二次系统检查情况。继保人员检查各线路保护定值、动作报告、相关二次回路及 SOE 事件信息，初步判断故障由站外 M 线 A 相瞬时短路引起，计算 M 线故障电流约为 11190A、1518 线故障电流约为 4896A、1519 线故障电流约为4725A。由于A站M线断路器未能及时跳开，C站1518线、1519线后备保护动作，跳开C站1518线、1519线断路器，切除故障电流。对A站M线1572断路器保护装置及二次回路进行检查，在进行第一次传动试验时，A站M线1572断路器未能跳开，且跳闸线圈烧坏，检修人员更换备用跳闸线圈后，继保人员进行的传动试验、防跳试验均正常，断路器跳闸时间也正常。

（2）一次系统检查情况。6月11日，A站110kV M线跳闸事件发生后，检修人员发现断路器操动机构中的分闸线圈在保护传动过程中已经烧损（线圈电阻测量值为1.5Ω，标准值为19Ω）。断路器机构内部各个部件的外观正常。为了进一步判断操动机构是否正常，更换了操动机构的分闸线圈，再进行断路器机械特性试验，试验结果合格。

2. 预防性试验定期检验情况

经查阅预防性试验定期检验记录，该断路器预防性试验、定期检验均未超期，最近一次试验时间为2011年3月，断路器动作试验合格。

（二）D站110kV 1181断路器相关检查情况

1. 事件前运行情况

事件前D站系统运行情况：110kV 1M、2M分列运行，1012分段断路器在分位；1号、2号主变压器（简称主变）分列运行，10kV 1M、2M分段断路器在分位。D站1号主变由110kV 1181线单独供电。

2. 停电检查情况

（1）二次系统检查情况。2012年4月20日9点50分30秒984毫秒，110kV 1181线发生B相瞬时接地短路故障，D站侧纵联距离保护24ms出口动作，开关机构未跳开。直到9点52分21秒745毫秒开关机构才跳开，从保护动作到断路器跳开共计1分50秒，这期间断路器处于控制回路断线状态，当控制断线时保护重合闸闭锁，故重合闸未动作。D站侧110kV 1181线断路器跳闸后，1号主变失压，10kV 1M失压。2012年4月20日9点52分22秒835毫秒10kV备自投启动，25秒135毫秒跳501断路器，25秒335毫秒合521断路器，10kV 1M恢复正常运行，D站110kV 1181线1181断路器保护动作正确，10kV备自投动作正确。

（2）一次系统检查情况。现场检查发现1181断路器分闸线圈有发热现象且已烧毁，机构其他部位未见明显异常。对烧毁的分闸线圈进行更换，并对控制回路中的相关端子和触点一一检查紧固处理后，1181断路器能通过操作控制把手可靠电动分合闸操作。经保护多次传动，也均能可靠跳闸。对断路器进行机械特性试验的各项试验结果均正常。

3. 预防性试验定期检验情况

经查阅预防性试验定期检验记录，该断路器预防性试验、定期检验均未超期，最近一次试验时间为 2012 年 3 月，断路器动作试验合格。

## 三、原因分析

（一）故障设备解体检查情况

对 A 站故障线圈进行解体，发现线圈绕组烧损，绝缘漆熔化，漆包线无断股。由图 3-14 可以看出，塑料导套与衔铁已粘连，衔铁表面可见与塑料骨架粘连的痕迹，其他部位无锈蚀。线圈绕组内部绝缘层烧毁，漆包线连续绕制，未浸漆，可完全拆解，未见断股，如图 3-15 所示。

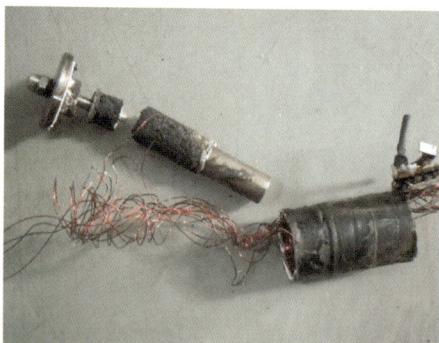

图 3-14　塑料导套与衔铁情况

图 3-15　线圈绕组内部绝缘层烧毁及漆包线情况

（二）故障机理分析

从解体情况看，该线圈存在设计缺陷，容易导致线圈卡涩、烧损。

（1）该型线圈内部无金属导套，采用塑料导套与衔铁直接接触，由于线圈瞬时功率达 500W 以上，发热量较大，较长的通电时间产生的热量可导致塑料件熔化与衔铁发生粘连，导致衔铁运动受阻。根据现场模拟试验，当二次回路存在较大内阻时，可能直接导致分闸时间变长，而过长的分闸时间又容易造成线圈长时间带电发热，进一步加剧了线圈动作时的发热量，如此循环，最终线圈将发生拒动或分闸延时。据统计，该公司在日常操作中发现该型线圈分闸后烧毁的案例有 10 起以上，故障现象均为衔铁与塑料导套粘连。

（2）该型线圈绕组采用漆包线连续绕制，无分层，且绕制后无浸漆加固，仅依靠漆包线本身的绝缘层作为匝间绝缘材料。在分闸时，由于辅助断路器直接将线圈电源断开，线圈电流发生突变时会产生较高的电压，线圈绝缘的薄弱部位容易击穿，发生匝间短路，形成局部短路环，导致线圈工作磁场改变，同样会导致线圈动作延迟继而烧损。

（3）经咨询相关厂家，断路器分闸线圈内部均采用金属导套或耐热支架，绕组均浸漆或浸环氧树脂包封。

## 四、分析结论

（1）A站、D站故障设备，在更换断路器的分闸线圈后，断路器的机械特性试验结果合格，可以证明断路器操动机构的机械部分情况良好，可以排除机构自身卡滞导致 A站、D站断路器动作延时。

（2）A站、D站保护定期检验均未超期，且在更换断路器分闸线圈后，保护传动试验合格，可以排除由于保护装置内阻过大导致 A站、D站断路器动作延时。

（3）该型号 GIS 断路器配用的分闸线圈存在设计缺陷，内部无金属导套，塑料支架耐热性能差、绕组无浸漆绝缘，正常操作过程中容易发生局部击穿、受热变形，导致卡涩、烧损，是造成 A站、D站分闸延时事件的主要原因。

## 五、模拟实验推演

（一）试验目的

建立二次回路内阻过大、分闸线圈初始位置异常两种故障模型，研究该型号断路器分闸延时故障机理。

（二）试验步骤

（1）被试断路器由运行转检修，现场安全措施设置完毕，完成工作票许可。

（2）将被试断路器控制把手由远方转就地，合上断路器。

（3）将开关特性诊断仪电流传感器、电压传感器接入断路器分闸线圈。

（4）分开断路器，记录分闸线圈动作波形、线圈电流、分闸时间，合上断路器。

（5）在分闸线圈回路中分别串联 5Ω、10Ω、15Ω、20Ω、25Ω、30Ω、35Ω电阻，重复步骤（4）。

（6）恢复分闸线圈回路为正常状态。

（7）分开断路器，记录分闸线圈动作波形、分闸时间、最大电压、最小电压、最大电流、最小电流，合上断路器。

（8）调节分闸线圈衔铁行程，将衔铁与接触器直接接触，分开断路器，记录分闸线圈动作波形、线圈电流、分闸时间，合上断路器。

（9）拆除临时接线，恢复被试设备状态，清理现场，结束工作票。

（三）数据与分析

1. 二次回路内阻与分闸时间关联性

（1）二次回路内阻与分闸时间关联性的试验数据，见表 3-1。

表 3-1　　　　　　　二次回路内阻与分闸时间关联性的试验数据

| 序号 | 串联电阻（Ω） | 分闸时间（ms） | 线圈电流（A） | 线圈电阻（Ω） |
|---|---|---|---|---|
| 1 | 0 | 37.9 | 6.12 | 17.8 |
| 2 | 5 | 40 | 4.73 | 23.1 |
| 3 | 10 | 41.8 | 3.94 | 27.6 |
| 4 | 15 | 43.6 | 3.28 | 33.2 |
| 5 | 20 | 48.8 | 2.91 | 37.5 |
| 6 | 25 | 53.3 | 2.59 | 42.1 |
| 7 | 30 | 96.5 | 2.37 | 46.4 |
| 8 | 35 | 无法一次分闸 | | |

在试验中观察到，当二次回路内阻达到 35Ω 时，分闸线圈衔铁打击分闸接触器，但无法一次解脱，重复 3 次分闸过程，分闸接触器解脱，断路器分闸。

（2）数据分析，即分闸时间随二次回路内阻变化趋势如图 3-16 所示。

根据试验数据判断，该型号 GIS 断路器分闸时间与二次回路内阻相关，分闸时间随着二次回路内阻的上升而上升，当二次回路内阻超过 20Ω 时，分闸时间急剧上升。

2. 模拟分闸线圈初始位置与分闸时间关联性

模拟分闸线圈初始位置与分闸时间关联性的试验数据见表 3-2，从试验数据判断，分闸线圈的初始位置对分闸时间有轻微影响，但仍在合格范围之内。

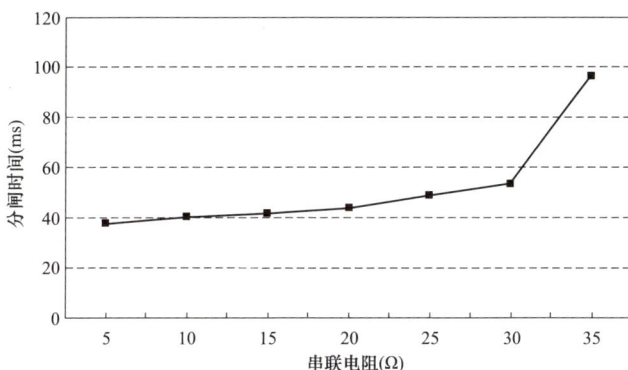

图 3-16　分闸时间随二次回路内阻变化趋势图

表 3-2　　　　模拟分闸线圈初始位置与分闸时间关联性的试验数据

| 序号 | 初始位置 | 分闸时间（ms） | 线圈电流（A） | 线圈电阻（Ω） |
|---|---|---|---|---|
| 1 | 距离接触器 5mm（正常位置） | 38.1 | 6.11 | 17.9 |
| 2 | 与接触器直接接触 | 41 | 4.73 | 183 |

（四）试验结论

（1）该型号断路器二次回路内阻与分闸时间存在关联性，分闸时间随二次回路电阻的上升而上升，可能导致分闸时间超过标准值。

（2）该型号断路器分闸线圈初始位置与分闸时间有一定关联性，但其影响程度不足以导致分闸时间超标。

## 六、预防措施

该型号 GIS 断路器配用的分闸线圈存在设计缺陷，内部无金属导套，塑料支架耐热性能差、绕组无浸漆绝缘，正常操作过程中容易发生局部击穿、受热变形，导致卡涩、烧损，断路器二次回路内阻与分闸时间存在关联性，分闸时间随二次回路电阻的上升而上升，可能导致分闸时间超过标准值。针对以上分析结论，推荐措施如下：

（1）要求厂家对在生产的同类设备配用线圈进行更换，并在后续供货中不再使用该线圈。

（2）对运行的同型设备，逐一检查二次回路电阻，如有二次回路内阻超过 20Ω 时进行更换。

# 第四节　GIS断路器内部元件缺陷导致变电站失压

## 一、案例简介

2012年8月9日15时31分58秒，110kV A变电站的110kV 2M发生B相永久性接地故障，110kV A、B线B变电站侧保护零序过流Ⅱ段、距离Ⅱ段动作，切开A线1518、B线1519断路器，此时故障电流被切除。随后，B变电站的A、B线断路器重合于故障，距离加速动作再次切开A线1518、B线1519断路器，A站全站失压。同时，与A站相连单供的110kV C、D变电站失压。在备自投动作隔离故障线路，并合上与其他站相连的线路断路器后，C、D站恢复供电。

## 二、检查处理情况

（一）断路器设备检查情况

外观检查发现110kV A变电站110kV GIS 3号主变压器高压侧（又称主变变高）1103断路器（B相）气室底部靠110kV 2M侧外壳有烧黑现象，气室压力表显示压力已为0MPa，三相断路器气室连通管道有明显的烧损及发热现象，其中B相$SF_6$气管连接头密封件有破损现象，同时查看后台数据发现$SF_6$断路器压力低信号是在断路器跳闸后出现的。具体现场外部检查如图3-17所示。

（二）避雷器检查情况

2012年8月9日A变电站故障发生时在A站附近及A、B线附近检测到较频繁的雷电活动情况，考虑到如果雷电击中线路或开关引起雷击过电压，有可能导致开关设备绝缘降低引起故障，因此特别检查了A变电站110kV避雷器动作情况，检查发现A变电站110kV避雷器放电计数器未动作，没有记录到雷电发生情况。

（三）A、B线路检查情况

110kV A、B线路跳闸后工作人员即刻前往现场开展故障查线，经全线登杆检查未发现架空线路段有故障点，架空线路部分未发现异常。经查历史巡视及检查记录发现该线路全线段未有影响安全运行的外部隐患。

(a)

(b)

(c)

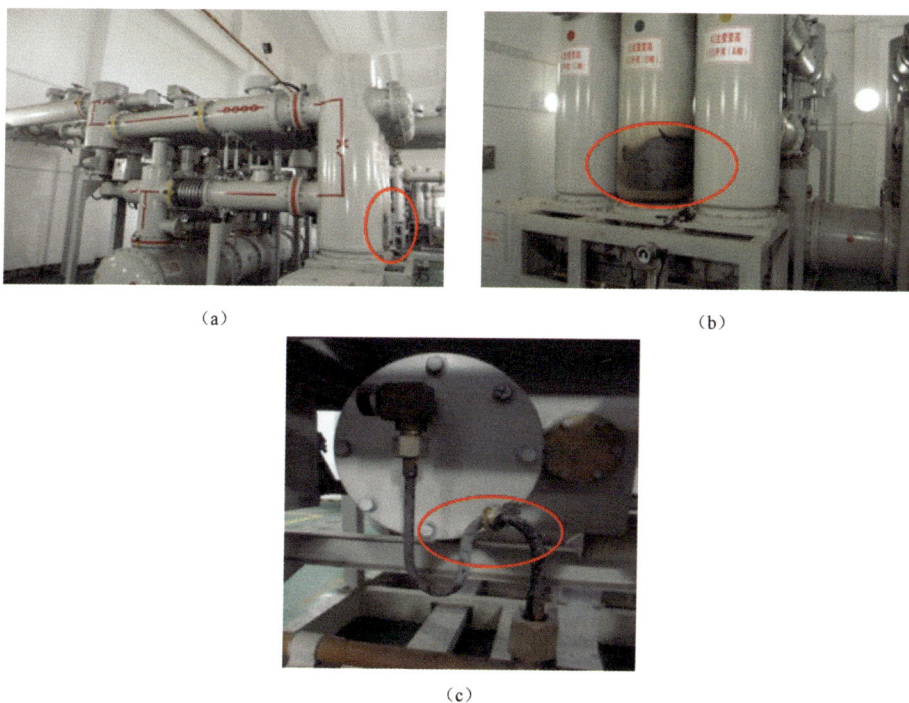

图 3 - 17  现场外部检查情况

(a) 在开关底部的故障部位；(b) B 相开关外壳底部烧黑部位；(c) 气压表压力值为
零和开关气室外部连接管 B 相连接头密封件损坏情况

## 三、原因分析

### （一）历史缺陷情况

经查生产管理系统，A 变电站自 2008 年投运至故障发生前共发现 25 起缺陷，全部为一般缺陷并已全部处理完成，没有发现避雷器缺陷。2010 年 4～5 月连续两次发生 3 号主变变高 1103 断路器气室压力低报警缺陷，第一次补气后，不到一月又发生断路器气室压力低报警，经检查发现 1103 断路器气室与母线侧隔离开关气室连接处有渗漏气，经紧固其周围螺栓并补充 $SF_6$ 气体至正常值后缺陷消除。从该缺陷处理完成至 2012 年 8 月 9 日故障发生，A 站 GIS 设备再未发生过气体压力异常缺陷，故障发生后后台数据报 1103 断路器 $SF_6$ 压力低信号，从该点也可看出压力报警正常，不存在故障发生前 $SF_6$ 气体泄漏导致断路器内部绝缘降低的情况。

（二）事件发生时外部环境

A 站失压事件发生时，该站附近雷电活动频繁，经查询雷电监测系统监测数据，在 8 月 9 日 15：25：00～15：35：00 时间内 110kV A 线路范围内共记录到 13 次雷电信息，15：30～15：32 时间内共发生雷击 7 次，距离 110kV A 线路最近的一次雷击发生在 15 时 30 分 24.1651 秒，距杆塔 45m。A 站失压事件发生的时间和该站附近雷电频发的时间段相吻合。

（三）事件发生前运行情况

事件发生前 A 站由 B 站供电，C 站、D 站均由 A 站供电。A 站除 2 号主变压器（简称主变）在检修状态外，其余 110kV 设备均在运行状态，系统运行未发现异常。查询系统报警发现 A 站 15 时发生直流系统母线电压异常报警，15 时 8 分发生 2 号主变本体重瓦斯动作报警，以上两起动作报警均短时间复归；自 15 时 9 分至事件发生前没有发生其他报警信号。

（四）事件发生前后保护动作情况

1. B 站保护配置情况

经查 B 站 A、B 线路保护配置情况见表 3－3。

表 3－3 　　　　　　　　　B 站 A、B 线路保护配置情况

| 变电站 | 设备 | 保护型号 | 投运时间 | 定 值 整 定 |
|---|---|---|---|---|
| B 站 | A 线 | RCS－943A | 2008.10 | 零序过流Ⅱ段定值，3.66A；时间，0.6s。距离Ⅱ段定值，2.83Ω；时间，0.6s。重合闸时间：1s |
| | B 线 | | | 零序过流Ⅱ段定值，3.66A；时间，0.6s。距离Ⅱ段定值，2.83Ω；时间，0.6s。重合闸时间：1s |

2. 保护动作情况

事件发生后继保人员赶到现场后，立即检查各线路保护定值、动作报告、相关二次回路及 SOE 事件信息，初步判断故障由 A 站 110kV 2M B 相永久性接地引起，对于 A、B 线路而言属于区外故障（A 线路故障电流 6206A，B 线路故障电流 6136A，故障点电流 12324A，故障测距 3.0km），B 站 A、B 线路后备保护动作，跳开 B 站 A、B 线断路器，切除故障电流，保护正确动作。A 站为负荷侧，且故障点在 A 站 A、B 线路的反方向，所以 A 站 A、B 线线路保护正确不动作。

3. 故障录波情况

在 A 站失压事件发生时 B 站故障录波启动记录下事件发生时 A 站的电流电压波形变化，如图 3－18 所示。

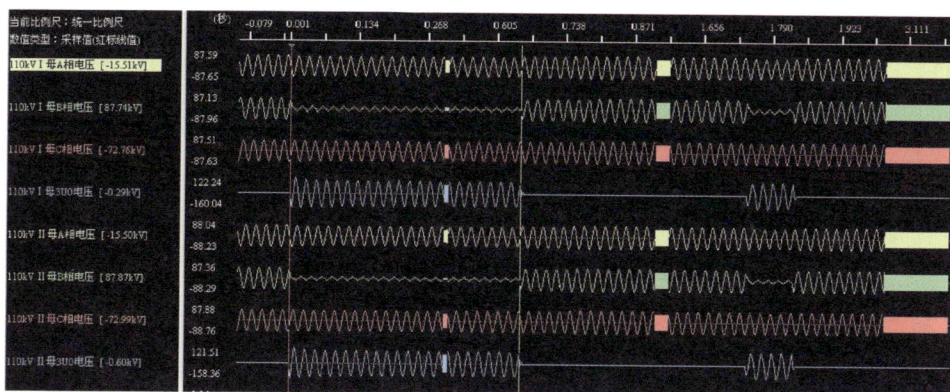

图 3 - 18　B站故障录波启动记录的 A 站事件发生时的电流电压波形变化图

　　针对图 3 - 19 分析如下：①录波起始时间：2012 - 08 - 09 15：31：58.962；②故障时间：2012 - 08 - 09 15：31：59.069；③故障线路：A 线路；④故障相别：B 相接地；⑤故障切除时间：641ms；⑥跳闸相别：ABC 三相；⑦重合闸时间：1798ms。以上录波记录时间同 B 站保护动作时间基本吻合。故障录波记录的 B 站 110kV 1M 及 A 线路故障发生前后电流电压有效值（二次值），见表3 - 4。

表 3 - 4　　　　　　　　　　故 障 录 波 记 录

| 线路名称 | 110kV 1M （V） | | | | A 线 （A） | | | |
|---|---|---|---|---|---|---|---|---|
| 相别 | A相 | B相 | C相 | N相 | A相 | B相 | C相 | N相 |
| 故障前 2 周波有效值 | 60.56 | 60.61 | 60.59 | 0.53 | 1.41 | 2.34 | 2.27 | 1.89 |
| | 59.88 | 51.31 | 60.51 | 45.79 | 1.34 | 12.66 | 2.29 | 13.52 |
| 故障后 5 周波有效值 | 55.46 | 14.89 | 59.21 | 79.95 | 1.72 | 28.19 | 2.44 | 27.48 |
| | 53.46 | 14.70 | 57.19 | 76.15 | 2.08 | 27.09 | 2.44 | 26.02 |
| | 52.21 | 14.62 | 55.80 | 73.76 | 2.23 | 26.61 | 2.43 | 25.20 |
| | 51.58 | 13.94 | 55.02 | 72.96 | 2.25 | 26.38 | 2.38 | 24.89 |
| | 51.15 | 13.97 | 54.57 | 71.62 | 2.28 | 26.13 | 2.33 | 24.44 |
| 重合闸前 2 周波有效值 | 52.94 | 13.74 | 55.66 | 71.05 | 3.31 | 26.42 | 3.03 | 23.62 |
| | 51.92 | 13.58 | 54.97 | 70.11 | 3.31 | 26.07 | 2.65 | 23.28 |
| 重合闸后 5 周波有效值 | 52.95 | 15.11 | 54.98 | 70.09 | 2.96 | 28.69 | 2.09 | 27.06 |
| | 57.53 | 51.60 | 57.64 | 36.54 | 0.14 | 28.67 | 1.88 | 30.68 |
| | 59.22 | 58.99 | 59.11 | 0.95 | 0.13 | 2.12 | 1.87 | 1.75 |
| | 60.04 | 59.90 | 59.92 | 0.58 | 0.12 | 2.11 | 1.86 | 1.76 |
| | 60.62 | 60.34 | 60.56 | 0.61 | 0.11 | 2.10 | 1.86 | 1.77 |

根据表3-4可以看出，故障发生时，B站110kV 1M B相母线电压急剧降低，A线B相电流激增，隔离故障后B站110kV 1M及A线均恢复正常，据此可以判断A站发生110kV母线B相接地故障，导致A线路B相故障电流增大。

（五）事件发生前后试验情况

1. GIS气体试验

自2008年A站交接试验开始至2012年8月9日故障发生，对A站1103断路器进行了3次$SF_6$气体试验，3次试验结果均合格。故障发生后，由于1103断路器气室外壳烧毁严重，断路器气室密度继电器至B相连接管损坏导致1103断路器气室三相$SF_6$气体泄漏，无法进行气体试验，但隔离开关气室未受影响且气体试验合格。

2. GIS耐压试验、局部放电试验

2008年9月A站交接试验时进行GIS耐压试验，试验结果合格；2011年4月及5月试验人员两次对A站全站GIS设备进行局部放电试验，未发现明显局放信号。

3. 红外测温

2012年6月及7月试验人员对A站GIS设备共进行了两次红外测温，测试结果正常，无明显发热点。试验人员在A站故障后约3个小时，对1103断路器故障设备进行测温，发现B相故障断路器气室温度明显高过A相、C相断路器气室，其余间隔无发现异常，如图3-19所示。

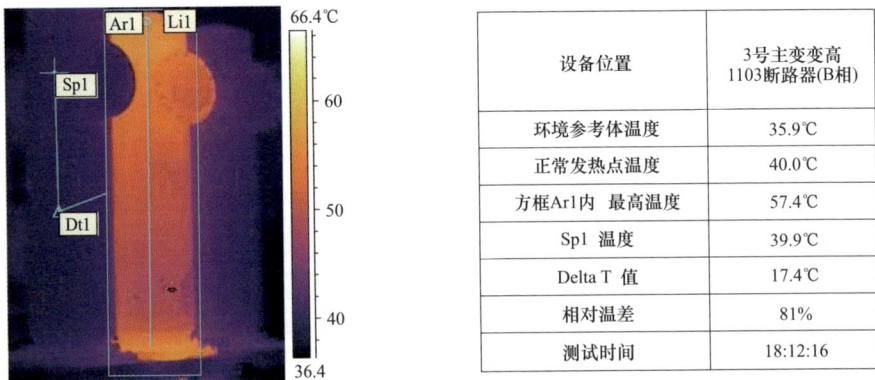

| 设备位置 | 3号主变变高 1103断路器(B相) |
|---|---|
| 环境参考体温度 | 35.9℃ |
| 正常发热点温度 | 40.0℃ |
| 方框Ar1内 最高温度 | 57.4℃ |
| Sp1 温度 | 39.9℃ |
| Delta T 值 | 17.4℃ |
| 相对温差 | 81% |
| 测试时间 | 18:12:16 |

图3-19 红外测温图及数据

4. 避雷器试验

A站GIS避雷器配置情况：4条线路出线有避雷器（A、B线路间隔均配有避雷器），2 条 110kV 母线及 3 台主变变高断路器无避雷器配置。

2011 年 10 月，试验人员对 A 站变压器高压侧（简称变高）中性点避雷器及主变压器低压侧（又称主变变低）避雷器进行预防性试验，试验结果合格。

2011 年 3 月和 2012 年 6 月，试验人员对 A 站 110kV 线路避雷器进行了两次带电测试，两次试验均合格，并且比较两年的测试数据，2012 年 A 站线路避雷器的带电测试数据相比 2011 年无明显增大，运行情况良好。8 月 9 日故障发生后，考虑到故障发生时雷电活动频繁的情况，9 月 6 日再次对 A 站线路避雷器进行了带电测试和放电计数器测试，测试结果均正常，放电计数器可以有效动作。试验证明 A 站避雷器运行良好，遇雷电时可有效动作，排除了因避雷器故障导致雷击过电压使设备发生故障的情况。

5. 地网试验

A 站于 2008 年 11 月投产运行，投产前对接地网进行交接验收试验，采用施加类工频小电流的电流—电压远离法所测得的地网电阻值为 0.457Ω，试验结果符合相关标准要求，主变区域和 GIS 区域设备接地引下线与主地网的连接情况良好。该站投运至故障发生时年限不到 10 年，未进行抽样开挖检查。8 月 9 日故障发生后试验人员于 9 月 6 日对 A 站进行了地网导通性检查，检查结果表明各设备接地引下线与接地网的连接良好，试验合格。

6. 接地电阻试验

根据运行规程要求，2012 年 3 月对 A、B 线路全线杆塔进行接地电阻测量，均满足设计值，试验合格。

7. GIS 设备型式试验

经查厂家该型号 GIS 设备型式试验报告，该型号 GIS 设备满足额定雷电冲击耐受电压 550kV 要求。

（六）110kV A 站及 110kV A、B 线路防雷接地系统参数评估

A 站的防雷系统主要组成部分有避雷针、避雷器、接地网。110kV A、B 线路防雷接地系统主要由线路避雷器、绝缘子组成。

1. 避雷针

经设计单位核实，A 站避雷针的设计可有效避免变电站内所有设备受到直接雷击。

2. 110kV 变高中性点避雷器

经计算 A 站 110kV 中性点避雷器额定电压为 72.4kV，雷电冲击耐受电压

为 325kV，雷电冲击电流残压不得超过 250kV，因此 A 站变高中性点避雷器
（Y1.5W‑72/186W 型）选型正确。

3. 110kV GIS 设备及 110kV 架空线路避雷器

经计算 A 站 110kV GIS 设备及 110kV 架空线路避雷器额定电压为
101.84kV，额定雷电冲击耐受电压为 550kV，雷电冲击电流残压不得超过
366.67kV，因此 A 站 GIS 设备避雷器（Y10WZ‑108J/281 型）及 110kV 架空
线路避雷器（YH10WX‑108/286 型）选型正确。

4. 10kV 主变变低避雷器

经计算 A 站 10kV 主变变低避雷器额定电压为 17.16kV，额定雷电冲击耐
受电压为 75kV，雷电冲击电流残压不得超过 50kV，因此 A 站 10kV 主变变低
避雷器（Y5WZ‑17/45FT 型）选型正确。

5. 接地网

经设计单位核实，A 站接地系统参数可满足防雷系统的要求。

6. 绝缘子

110kV A、B 线路绝缘配置为玻璃绝缘子，其中 N1～N7 型号为 LXHY4‑
70，N8～N13 型号为 TU70/146，绝缘配置设计时按Ⅲ级污区配置。根据 2010
年污区分布图评估，线路绝缘子满足线路运行需求。

7. 结论

通过对 110kV A 站、110kV A、B 线路所有防雷设备参数计算并与设计单
位核实，110kV A 站、110kV A、B 线路防雷接地装置设备参数选择满足相关标
准要求。

以上对 A 站失压事件前后雷电影响、保护动作情况、一次设备检查情况、
试验情况、防雷击地系统参数复核情况综合分析，可以发现：①本次 A 站失压
事件是由 A 站 1103 断路器故障导致接地短路故障引起；②A 站及 A 线、B 线防
雷接地系统正常，系统设计合理、设备选型正确；③A 线、B 线全线段检查未发
现故障点，A 站 GIS 设备及避雷器试验正常、运行稳定，不存在运行隐患。

（七）厂家解体、试验见证情况

2012 年 9 月 6 日在厂家对发生故障的 A 站 3 号主变变高 1103 断路器进行解
体、试验检查。

1. 整体外观情况

首先拆开故障断路器 B 相断路器气室进行了检查，并拆开同间隔 A 相作为

对比相。B 相气室内部含有大量燃烧后的粉尘，气室内设备整体烧损严重。B 相和 A 相断路器气室如图 3-20～图 3-21 所示。

图 3-20 已烧毁的 B 相断路器气室　　图 3-21 对比相 A 相断路器气室

2. 屏蔽罩解体情况

该型号 GIS 设备屏蔽罩为铝制品，发生故障的 B 相屏蔽罩严重烧毁，且有部分区域被烧穿，而对应该烧穿区域的正是该相断路器外壳烧黑的位置。虽然该屏蔽罩严重烧毁，但屏蔽罩固定螺钉（共计 4 根）均未掉落或松动，上部也未见螺钉脱落，如图 3-22 所示。

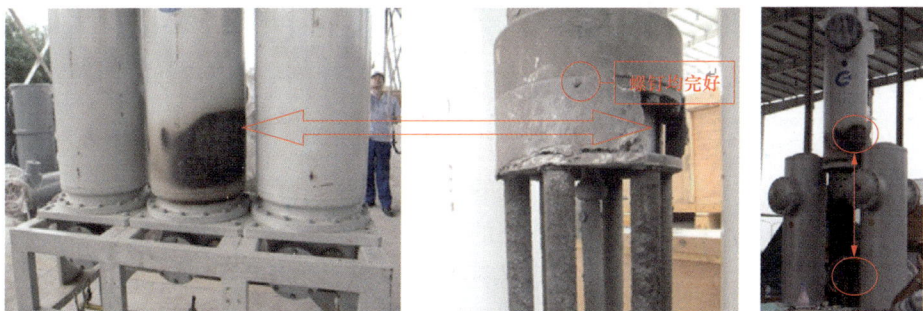

图 3-22 屏蔽罩解体检查情况

3. 绝缘支柱解体情况

故障相断路器内部的 6 根绝缘支柱外表烧毁，支柱缠绕的环氧树脂材料外层被烧掉，部分散落在绝缘支柱的下端，如图 3-23 所示。现场进行拆除绝缘支柱工作时，为后续工作方便、准确，故将绝缘支柱进行了编号，如图 3-24 所示。

对 6 根绝缘支柱进行详细检查，发现 6 根绝缘支柱在未剥离外表层脏污时看起来烧毁程度大体相同，但在进行表面清理后发现 6 号绝缘支柱烧黑颜色深于其余 5 根，6 号绝缘支柱的位置上方铸铁金属底座有一个被烧熔的明显缺口，如图 3-25 所示。

图 3-23　绝缘支柱外表烧毁情况

图 3-24　绝缘支柱编号情况

图 3-25　6 号绝缘支柱烧黑
颜色深于其余 5 根

**4. 筒壁外壳解体情况**

在对 B 相断路器外壳内表面冲洗后进行检查，发现上述金属底座上被烧熔的缺口所对应的断路器外壳位置上有金属熔化后凝结成的珠状金属粒，如图 3-26 所示。B 相断路器的绝缘拉杆材料与上述断路器的绝缘支柱材料同为真空浸胶的环氧玻璃布，其中绝缘拉杆的加工工艺为真空浇注，而绝缘支柱是缠绕而成，图 3-27 即为绝缘拉杆的烧损情况。经过观察发现绝缘拉杆的表面附着有一定数量的烧熔又凝结的铝珠，初步推断为铝制屏蔽罩下缘烧熔后喷溅所致，如图 3-28 所示。绝缘拉杆卡扣底座有被熔损的痕迹，初步推断可能为屏蔽罩下缘铝烧熔、喷溅后沿绝缘拉杆流至底座上烧蚀所致，如图 3-29 所示。

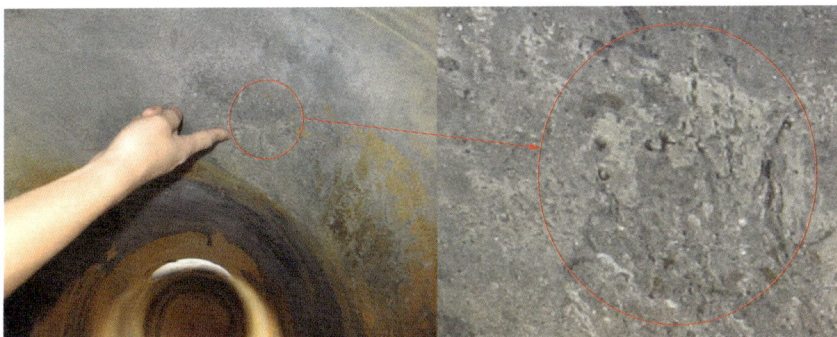

图 3-26　B 相金属底座金属熔化后凝结成的珠状金属粒

图 3-27　绝缘拉杆的烧损情况

图 3-28　绝缘拉杆的表面附着铝珠

（a）

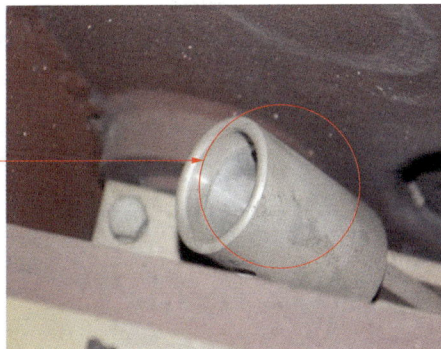

（b）

图 3-29　绝缘拉杆卡扣底座有被熔损的痕迹

（a）已烧蚀的 B 相绝缘拉杆底座；（b）对比相 A 相绝缘拉杆底座

5. X光探伤情况

在对断路器进行解体后，将故障断路器 B 相及对比相 A 相的共计 12 根绝缘支柱和两根绝缘拉杆进行了 X 光探伤试验。

在对故障断路器 B 相绝缘支柱、绝缘拉杆进行 X 光探伤后发现烧损部位内部无明显异常；但在对对比相 A 相绝缘件进行试验后发现，6 根绝缘支柱中有 3 根均发现有气泡或者非贯穿性的缝隙缺陷存在，如图 3-30 所示。考虑到故障断路器 B 相与 A 相采用的绝缘件应为同厂家、同批次且采用同样加工工艺的产品，所以故障断路器 B 相绝缘件也有可能存在缺陷，只是因为外表层严重烧损，因此可能存在于断路器 B 相支撑绝缘子外表层的缺陷无法检测出来。

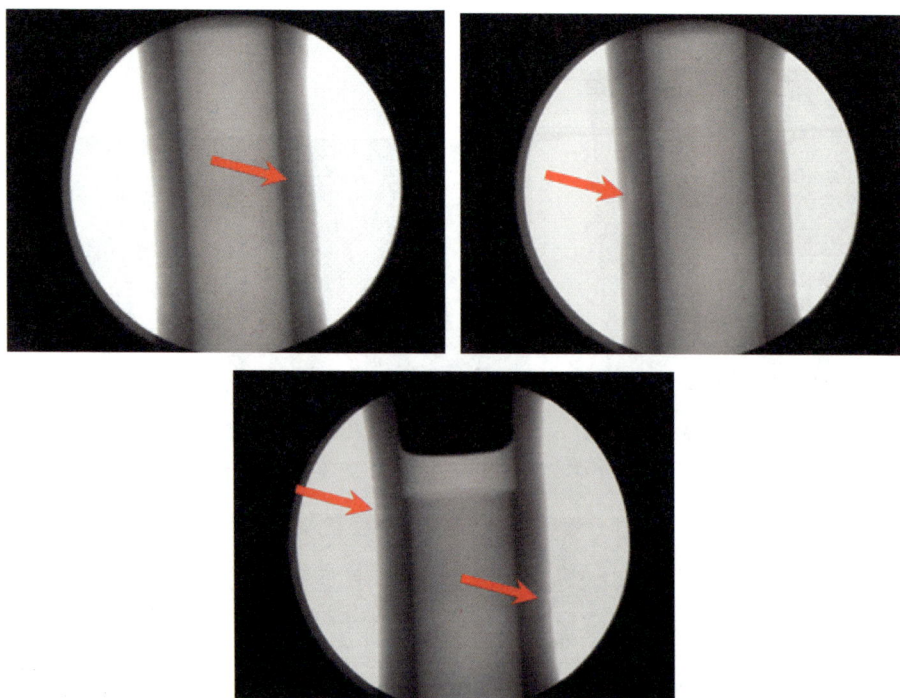

图 3-30　A 相三支绝缘子 X 光探伤情况图

6. 局部放电试验情况

为测试绝缘件的缺陷情况，在 X 探伤试验结束后，又对同间隔正常相 A 相断路器未损坏绝缘支柱进行了局部放电（简称局放）试验。

试验开始后，在升压过程中，电压升至约 170kV 时，绝缘无法耐受，电压缓慢回落至 20kV，无法继续开展局放试验。分析是断路器三相气室通过 $SF_6$ 气管连通，事故发生时燃烧产生的分解物等粉尘扩散至非故障相，附着并腐蚀绝缘件表面，导致绝缘性能下降，现场解体也确实见证到 A 相断路器室内部存在部分燃烧产生的分解物等粉尘。

7. 解体检查结论

金属严重烧损部位共有 3 处：铝屏蔽罩、铸铁底座、绝缘拉杆卡扣底座，其中铸铁底座熔化程度最高，初步判断此处为放电能量最大的部位。铝屏蔽罩烧损的可能原因有：①绝缘子放电拉弧后电弧漂移导致；②出厂前屏蔽罩变形导致电场畸变对外壳放电；③因断路器气室最初故障后内部已经烧损，粉尘飘散，重合闸后气室内部环境造成的二次放电部位为均压罩对 GIS 外壳。绝缘拉杆卡扣底座烧损可能为铝屏蔽罩烧熔溅落或沿绝缘拉杆滚落至此部位因高温而熔蚀。

绝缘件均有烧损，其中 6 号绝缘支柱灼烧后颜色较重。部分非故障相绝缘件存在内部缺陷。故障相断路器有可能因绝缘支柱最外一层存在先天缺陷逐步劣化发展导致放电。

GIS 外壳内壁熏黑严重，无法查找放电点。经冲洗后，发现内壁有少量金属熔珠。因内部熏黑油漆剥落后，内壁表面并不光滑、颜色斑驳，无法判断是否还有其他放电点。

铸铁底座缺口、6 号绝缘支柱顶部、GIS 外壳内壁金属熔珠三者部位相邻，存在一定的相关性。

## 四、结论

（1）本次 A 站失压事件由 110kV A 站 110kV GIS 3 号主变变高 1103 断路器故障引起。

（2）本次故障非操作不当或运维不当引起，而和 GIS 设备本身质量有直接关系。

（3）避雷器及断路器等设备检查结果及雷击情况表明，故障发生时故障设备未承受内部过电压或超出避雷器设计防雷水平的外部过电压。

（4）故障发生在 110kV A、B 线路负荷侧（即 A 站），属于区外故障，线路差动保护及 B 站主保护正常未动作，随后 B 站后备保护动作造成 640ms 的故障切除时间，并且 1678～1830ms A、B 线断路器重合闸并再次跳开，前后近 800ms 的通流时间给本次断路器故障内部严重烧损提供了时间条件。

（5）故障断路器气室解体检查发现的断路器支撑绝缘支柱存在内部缺陷，

在运行一定时间后，该型号支撑绝缘支柱受缠绕工艺影响，部分表面会出现不同程度的分层、鼓包等绝缘劣化现象，在承受一定过电压的情况下会导致绝缘失效，最终导致放电。该型号 GIS 设备已多次出现由于断路器支撑绝缘支柱劣化引起的局放信号。

（6）故障断路器气室解体检查结果表明放电能量最高点位于 6 号绝缘支柱顶端法兰处，在 GIS 外壳上的对应部位也存在疑似铸铁熔化颗粒，说明存在由支柱绝缘子放电拉弧后，电弧漂移导致放电转移至均压罩对外壳间的击穿放电的可能。

（7）均压罩烧损严重部位表明，该处可能因为均压罩变形导致对外壳击穿放电，也可能因电弧漂移导致放电。

（8）以上（5）～（7）点反映的断路器内部元件缺陷是导致本次故障的主要原因。在断路器内部元件存在缺陷的情况下，未达到避雷器动作的瞬间雷击感应过电压（可能为几毫秒，幅值在断路器最高运行电压和避雷器残压之间的电压值）可能导致已存在内部缺陷的部件彻底击穿甚至对地放电是本次故障的诱因。

## 五、预防措施

（1）在 GIS 设备交接耐压试验同时开展局放测试，并加强现场见证。对 2008 年以前投产的同批次、同生产工艺的 GIS 设备进行统计，并至少半年一次对以上设备进行 GIS 局放专项检查。

（2）开展该型号 GIS 设备 X 射线探伤工作，重点检查该型号 GIS 设备断路器支撑绝缘支柱部分，在带电情况下通过 X 射线探伤图片判断支撑绝缘支柱是否存在劣化情况，对发现存在劣化的支撑绝缘支柱应采取停电或及时更换的措施。

（3）修编 GIS 设备相关采购标准，要求厂家交货同时须提供关键绝缘部件（如断路器支撑绝缘支柱、绝缘台或盆式绝缘子等）的试验检验报告。

# 第五节　汞污染引起 GIS 设备充气连接头应力腐蚀开裂

## 一、案例简介

2013 年 7 月 19 日，某 110kV 变电站 112 TV 气室发气压低的报警信号。检修人员立即赶到现场，并开展了气室的检漏和补气工作。该气室自 2009 年投运后常发生漏气缺陷，需检修人员频繁补气，事件发生前 3 个月补气更加频繁，约 28 天需补气一次，见表 3-5。

表 3-5　　　　　　112 TV 气室补气时间记录

| 间　隔 | 补气时间 | 补气周期 |
|---|---|---|
| 112 TV | 2013 年 7 月 19 日 | 约 28 天 |
|  | 2013 年 6 月 20 日 |  |
|  | 2013 年 5 月 23 日 |  |
|  | 2012 年 9 月 9 日 | 约 90 天 |
|  | 2012 年 6 月 10 日 |  |
|  | 2012 年 2 月 26 日 |  |

检修人员使用 $SF_6$ 气体检漏仪对 112 TV 气室进行检测，发现 C 相充气连接头处有气体泄漏现象，其他部位未发现明显漏点。在补气过程中，C 相充气连接头突然发生断裂，导致气室发生严重泄漏。检修人员紧急关闭三相充气连接头，隔离故障部件，并通知运行人员立即申请紧急停电，事件未造成设备故障及负荷损失。经调查研究，汞污染是导致充气连接头断裂的直接原因，为确保设备安全，公司对涉及汞污染的 GIS 112 TV 进行了整体更换。

## 二、试验过程

### （一）基体材料检查

#### 1. 化学成分分析

厂家提供的充气连接头基体材料为 HPb59-1 铅黄铜，用金属直读光谱测试充气连接头基体成分结果见表 3-6。化学成分与 GB/T 4423—2007《铜及铜合金拉制棒》要求相比，Ni 和 Fe 含量偏低。

表 3-6　　　　　　充气连接头基体材料化学成分分析　　　　　　（%）

| 化学成分 | 标准要求 | 测试结果 | | |
|---|---|---|---|---|
|  |  | 第 1 次 | 第 2 次 | 第 3 次 |
| Cu | 57.0~60.0 | 58.2 | 57.76 | 57.87 |
| Fe | 0.5 | — | — | — |
| Pb | 0.8~1.9 | 1.78 | 1.73 | 1.75 |
| Ni | 1.0 | 0.097 | 0.096 | 0.099 |

| 化学成分 | 标准要求 | 测试结果 | | |
|---|---|---|---|---|
| | | 第1次 | 第2次 | 第3次 |
| Zn | 余量 | 39.63 | 39.46 | 39.88 |
| Sn | — | 0.126 | 0.13 | 0.132 |
| 杂质总和 | 1.0 | — | — | — |

2. 显微硬度

采用 WOLPERT 401MVD 显微维氏硬度计,对充气连接头材料测得的维氏硬度结果见表 3-7,取 3 次硬度的平均值。GB/T 4423—2007《铜及铜合金拉制棒》对铅黄铜硬度没有要求。

表 3-7 阀体基体材料维氏硬度测定结果

| 试样 | HV 硬度 1 | HV 硬度 2 | HV 硬度 3 |
|---|---|---|---|
| 基体 | 112.3 | 111.3 | 114.9 |
| 六角面 | 130.1 | 129.4 | 133.4 |

3. 金相分析

镶样、磨平、抛光后用 5g $FeCl_3$ + 10ml HCl + 100ml $H_2O$ 腐蚀,在莱卡 DMI3000M 金相显微镜下观察金相组织,如图 3-31 所示。金相组织正常,为 α 相+β 相,α 相为锌在铜中的固溶体,呈亮白色,β 相是以 CuZn 为基的固溶体,颜色较深。

4. 电镜分析

用 HITACHI 扫描电镜观察充气连接头基体表面,未见异常,如图 3-32 所示。

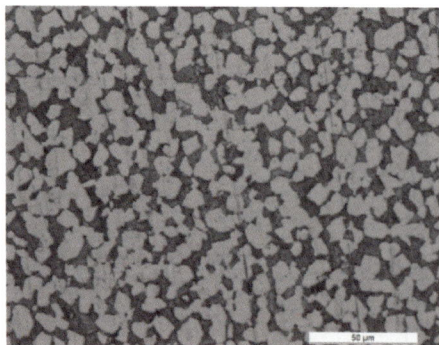

图 3-31 充气连接头基体横断面黄铜金相组织

图 3-32 充气连接头基体电镜照片(50X,标尺为 200μm)

根据能谱分析结果，充气连接头基体黄铜成分符合国标要求，见表 3 - 8。

表 3 - 8 　　　　　　　　　　充气连接头基体电镜能谱分析

| 元素成分（K 层电子<br>受射线激发条件下） | 质量百分比 | 原子数百分比 |
|---|---|---|
| 铝 | 0.44% | 1.04% |
| 铁 | 0.39% | 0.44% |
| 铜 | 59.18% | 59.46% |
| 锌 | 40.00% | 39.06% |

## （二）断裂部位检查

### 1. 外观检查

对损坏充气连接头进行外观检查，一个断裂面含有 3 条裂纹，其中一条为贯穿性裂纹。断裂面失去黄铜的金属光泽，为陈旧性断裂，如图 3 - 33 所示。判断此次充气连接头漏气的原因为裂纹扩展导致阀门断裂。存在裂纹的充气连接头外观如图 3 - 34 所示。

（a）　　　　　　　　　　　　　　　（b）

图 3 - 33 　 112 TV 气室充气连接头断裂面

（a）充气连接头的裂痕；（b）充气连接头断裂面氧化情况

### 2. 电镜分析

用 HITACHI 扫描电镜观察充气连接头断口表面，发现断口呈阶梯状为脆性断裂，如图 3 - 35 所示。

根据能谱分析结果，可知充气连接头断口附近有大量的汞存在，其含量远高于充气连接头基体水平，甚至高于锌含量，见表 3 - 9。

图 3-34 存在裂纹的充气连接头外观

图 3-35 断口裂纹附近电镜照片
（500X，标尺为 20μm）

表 3-9　　　　　　　　　充气连接头断口裂纹附近电镜能谱分析

| 元素成分（K层电子受射线激发条件下，Hg 及 Pb 元素为 L 层电子受射线激发条件下） | 质量百分比 | 原子数百分比 |
| --- | --- | --- |
| 碳 | 0.54% | 2.48% |
| 氧 | 5.64% | 19.31% |
| 铝 | 0.71% | 1.43% |
| 硅 | 12.93% | 25.22% |
| 硫 | 2.13% | 3.63% |
| 铁 | 0.28% | 0.27% |
| 铜 | 27.61% | 23.80% |
| 锌 | 18.06% | 15.13% |
| 汞 | 26.75% | 7.30% |
| 铅 | 5.36% | 1.42% |

### 三、原因分析

#### （一）充气连接头断裂机理

　　金属在外加载荷的作用下，当应力达到材料的断裂强度时，发生断裂。断裂是裂纹发生和发展的过程，根据断裂的形式可以分为塑性断裂与脆性断裂，其中脆性断裂的特点是载荷远低于材料屈服强度。本案中，充气连接头载荷约 40N，断裂部位截面积 210mm²，拉应力 0.19MPa，远低于黄铜的许用应力。另外，裂纹呈阶梯状，也符合脆性断裂的特征，电镜扫描显示断口为晶界断裂，符合金属应力腐蚀破坏的特征。

金属发生应力腐蚀一般需具备 3 个条件：一是金属本身对应力腐蚀敏感；二是存在能引起该金属发生应力腐蚀的介质；三是存在一定的拉应力。在本案例中，上述条件均具备。

1. 材料应力敏感分析

黄铜容易发生汞裂，具有高度应力的黄铜在汞盐溶液中只要几秒钟时间就会断裂。充气连接头的基体材料为 60:40 的铜锌合金，属于对应力腐蚀最为敏感的黄铜。同时可以看出，合金中镍含量低于国家标准，而镍元素可以改善铜锌合金的耐应力腐蚀破裂性能。镍元素的缺失进一步增加了充气连接头对应力腐蚀的敏感程度。因此，充气连接头基体材料对应力腐蚀敏感是造成断裂的原因之一。

2. 腐蚀介质分析

金属在腐蚀介质中会形成一层钝化膜，位错滑移产生的台阶将使表面膜破裂，裸露的金属会瞬时溶解，接着又会形成新的保护膜，这样通过滑移——膜破裂金属溶解再钝化过程的循环往复，就导致了应力腐蚀裂纹的形成和扩展。在断裂面不同位置均发现大量汞，在存在汞的情况下，铜锌合金中的锌元素在晶界发生选择性溶解，形成汞齐膜。汞齐是一种脆性物质，它的机械强度远低于铜锌合金自身的机械强度，在应力作用下膜发生破裂，破裂处铜锌合金又与汞接触，如此往复，当汞齐化腐蚀发展到一定阶段后，液态金属汞将迅速引起被齐化金属发生液态金属脆化断裂（LMEF），并最终使其发生结构性破坏，最终使铜锌合金发生断裂。因此，存在汞污染是造成充气连接头断裂的主要原因。

3. 充气连接头应力分析

本案例中，112 TV 气室 $SF_6$ 气体压强为 0.4MPa，充气连接头与气室直接相连，承受着拉应力，充气连接头断裂处位于充气连接头直径最小的部位，符合应力断裂的特点。因此，充气连接头的工况也是导致断裂的原因之一。

综合上述，充气连接头断裂原因为汞污染引起的应力腐蚀导致脆性断裂。

（二）汞污染分析

1. 汞污染检测

采用 RA-915M 测汞仪对该变电站 GIS 各气室 $SF_6$ 中汞含量进行测定。GIS 气室含量检测结果见表 3-10。可以看出，除 112 TV 气室外，其他气室的汞含量较低。据此判断，汞污染仅局限于 112 TV，不是普遍现象。

表 3-10　　　　　　　　　　GIS 气室 SF$_6$ 中汞含量检测结果

| 样品来源 | 采样体积（L） | 汞含量（mg/m$^3$） |
|---|---|---|
| 112TV | 2 | 2.12 |
| 1103 断路器 | 2 | $3.19 \times 10^{-3}$ |
| 1122 断路器 | 2 | $4.95 \times 10^{-4}$ |
| 1127 断路器 | 2 | $5.65 \times 10^{-4}$ |
| 1122 避雷器 | 2 | $2.85 \times 10^{-4}$ |
| 1127 避雷器 | 2 | $3.80 \times 10^{-4}$ |

2. 汞污染源分析

从 SF$_6$ 气体及充气连接头断裂面中均检出汞，其来源可能有 3 方面：一是由充气连接头制造时带入的金属汞；二是由 SF$_6$ 气体带入的汞蒸汽；三是来自于外部的汞污染。

本次事件中断裂的充气连接头为黄铜材质，经检测，充气连接头基材中汞的含量为衡量，可以排除由于黄铜材料自身含汞引起的汞污染。从充气连接头的加工工艺分析，该充气连接头采用型材整体切削加工而成，加工形式为车削与铣削，加工黄铜一般采用硬质合金刀具，配用水基或油基冷却液，上述物体中汞含量可以忽略不计，可以排除由于充气连接头加工环节带入的金属汞。另外，除充气连接头连接部位外还采用了部分密封件。根据检查情况，密封件为三元乙丙橡胶，亦不含汞。根据对同一边电站采用同批次充气连接头的 GIS 气室进行检测，未发现其他气室汞含量异常，可以排除由充气连接头制造时带入的金属汞。

根据 GB/T 12022—2014《工业六氟化硫》规定，其中对于 SF$_6$ 气体汞含量没有明确要求，在 SF$_6$ 气体出厂试验及现场抽检中均无针对汞含量的检测项目。根据 SF$_6$ 气体的生产工艺分析，其中不涉及采用汞作为原辅料的情况，由 SF$_6$ 气体带入汞污染的可能性极低。根据对采用同一变电站、同批次气体的其他 GIS 气室进行检查，未发现其他气室汞含量异常，可以排除此次事件汞污染源来自 SF$_6$ 气体。

因此，汞污染源只能是来自于外界。从国内电力系统案例分析，麦氏真空计是一个可能的汞污染来源，以前曾发生过麦氏真空计中汞倒流至变压器、GIS 设备中的案例。

（三）汞污染机理

根据 DL/T 603—2006《气体绝缘金属封闭开关设备运行及维护规程》，GIS 设备在进行 $SF_6$ 气体充装前，需对气室进行抽真空处理，将气体压力降低至 133Pa，并保持 2h。广泛应用的麦氏真空计进行真空测量。麦氏真空计测量的载体是汞柱，根据理想等温压缩的波义耳—马略特定律设计而成的。它通过载体汞柱显示的高度，折算出对应的气体压强值，从而得出真空度。测量时将压力计缓慢旋转至直立状，然后轻微调节压力计的倾斜度，使右侧玻璃毛细管（比较开管）内的汞柱升至"0"刻度，对照刻度板，中间玻璃毛细管（测量闭管）内汞柱所处的刻度数值即为测得的真空度。麦氏真空计在气体压强变化缓慢时可以稳定工作，一旦气体压强急剧变化，就很可能导致真空计中汞发生剧烈流动，可能发生汞倒流的现象。在现场实际操作过程中，不正确的充气连接头断路器次序、真空泵突然停机都可能导致气体压强急剧变化。

综合上述判断，在 GIS 设备装配阶段，麦氏真空计发生汞倒吸，引起汞污染的可能性最大。

## 四、预防措施

（一）危害分析

汞对与铜、铝、锡具有腐蚀性，导致金属发生应力腐蚀。本次事件中，由汞污染直接导致黄铜充气接头的断裂，$SF_6$ 气体泄漏，可能导致 GIS 设备因漏气发生绝缘故障，甚至是直接威胁现场运检人员的人身安全。

微量汞对金属的作用是较为漫长的过程。本事件中，GIS 设备在投产 4 年后才发生充气连接头断裂事件，可见，汞污染的危害可能以隐患的形式长期存在。

汞可能影响电气设备绝缘性能。汞是导体，在常温下呈液态，在高压设备内部移动时可能改变电场分布导致绝缘故障。

（二）防治措施

1. 严格管控麦氏真空计使用规范

2013 年，国家能源局下发文件《防止电力生产事故的二十五项重点要求》（国能安全〔2014〕161 号）中提出，对于变压器、GIS 设备"为防止真空度计汞倒灌进行设备中，禁止使用麦氏真空计"。从实际使用情况来看，仍有大量电力施工企业仍旧在使用麦氏真空计，已有部分企业自制了防止汞倒灌的过渡真空罐，并在实践中取得了一定的效果。由于麦氏真空计在精度和工作稳定性方面具备一定优势，短时间内难以被全面取代。建议各施工单位逐步采用隔膜式真空计等无工作介质的真空计量设备。如确实需要在电力设备安装时使用麦氏真空计，应配置专人对真空计、真空泵进行操作，并设置防倒吸的过渡真空罐或是在管路中安装快速止回阀，防止因人为或机械故障导致真空计汞倒灌。

2. 开展汞污染普查

根据此次事件的经验，检测 $SF_6$ 气体的汞含量可以有效判断 GIS 是否在装配过程中遭受严重的汞污染。对于 GIS，尤其是高电压等级 GIS，有必要在投产后进行一次 $SF_6$ 气体汞含量检查，及时发现问题。防止因汞污染引起 GIS 内部元件腐蚀甚至是发生绝缘击穿。

3. 改善 GIS 材料的耐应力腐蚀性能

对于 GIS 材料的要求尚无统一标准，由各制造厂自行确定，在实践中也常发现因应力腐蚀导致连杆、充气连接头断裂的情况。因此，对于 GIS 设备，有必要对充气连接头、连杆等关键部件进行耐应力腐蚀研究，避免使用应力腐蚀敏感材料，减少因应力腐蚀导致运行中部件失效。

# 第六节　母线支持绝缘子内部缺陷引起 GIS 设备局部放电超标

## 一、案例简介

2013 年 11 月 25 日，试验人员在对 220kV 某变电站内 110kV GIS 设备进行局部放电（简称局放）信号检测过程中发现，110kV 5M 母线间隔存在局放异常情况，利用局放信号的衰减特性进行初步判断：局放源位于 110kV A 线 1532 间隔旁备用间隔与 5M 母线连接位置盆式绝缘子处附近，如图 3 - 36 所示。同时对 110kV 5M 母线气室间隔进行气体分析，未检测到因局放的存在而产生的气体组分。为对局放源的位置进行更准确的定位，制定了局放异常隔离及复检处理方案，于 12 月 21 日进行复检。结合停电过程对断路器进行局放信号检测，确认局放源位置：局放源位于 110kV A 线旁备用间隔与 5M 母线连接位置盆式绝缘子处附近。经局放信号衰减定位及信号相序同步判断，初步怀疑 2 号母线筒内靠 1 号母线筒侧的 B 相母线导体支撑绝缘子存在局放缺陷，如图 3 - 37 中虚线方框位置所示。

图 3 - 36  局放源位置

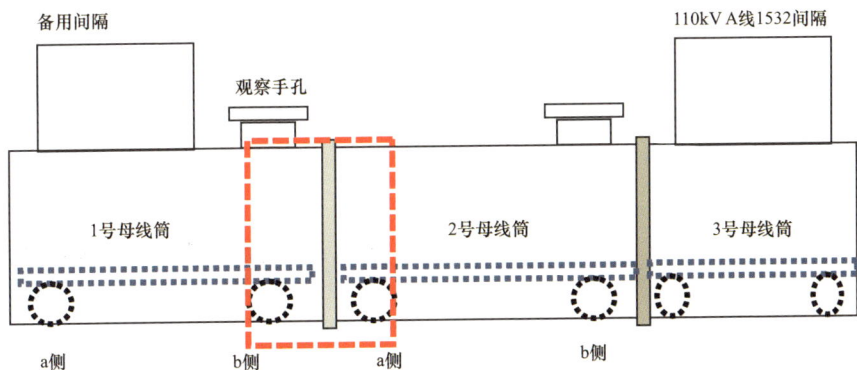

图 3 - 37  局放缺陷位置示意图

## 二、检查处理情况

（一）开盖检查

在确定局放源位置后，检修人员对 110kV 5M 母线气室进行开盖检查，检查情况如下：

（1）母线气室内壁表面整洁，无附着物。

（2）母线气室与相邻备用间隔气室对接绝缘盘子表面整洁，无附着物。

（3）母线导体支撑绝缘子表面整洁，无附着物。

（4）2 号母线筒内三相导体与支撑绝缘子紧固螺栓有标线移位情况，如图

3-38所示。

（5）母线筒的吸附剂罩为塑料材质，个别螺孔有破裂情况，如图3-39所示。

图3-38　2号母线筒内三相导体与支撑
　　　　绝缘子紧固螺栓标线移位

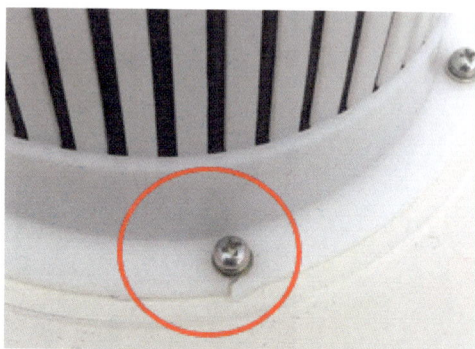

图3-39　吸附剂罩螺孔破裂

（6）母线导体加工精度低，表面沾有锈迹，如图3-40所示。

（二）更换支撑绝缘子

鉴于开盖检查未发现明显的局放缺陷部件，因此对局放源疑似范围内的所有部件进行更换，包括6个支撑绝缘子、3个梅花触头，更换的支撑绝缘子如图3-41所示。

图3-40　母线导体表面沾有锈迹

图3-41　要更换的支撑绝缘子

同时将原110kV 5M母线的塑料材质的11个吸附剂罩更换为金属材质的吸附剂罩，完成缺陷处理工作后，恢复5M母线气室。

（三）耐压及局放试验

2014年1月5日，对处理后的110kV 5M母线气室进行耐压及局放试验，三相耐压（当施加耐受电压为 184kV 时，持续时间为 1min）试验均合格，无局放信号。经综合分析，该站 110kV 5M 母线气室内部局放超标缺陷已消除，具备投运条件。

## 三、原因分析

根据局放信号特征及现场开盖检查结果，技术人员怀疑更换下的 6 个母线支撑绝缘子存在缺陷导致局放信号异常。2014 年 1 月 5 日，工作人员应用 X 射线探伤机对 110kV 5M 母线支撑绝缘子（编号：2aA 相、2aB 相、2aC 相、1bA 相、1bB 相、1bC 相）进行无损探伤，重点对"2aB 相"支撑绝缘子进行了探伤。探伤结果表明，"2aB 相"支撑绝缘子上侧环氧树脂与金属件契合的部位存在不均匀材质，如图 3-42 所示。

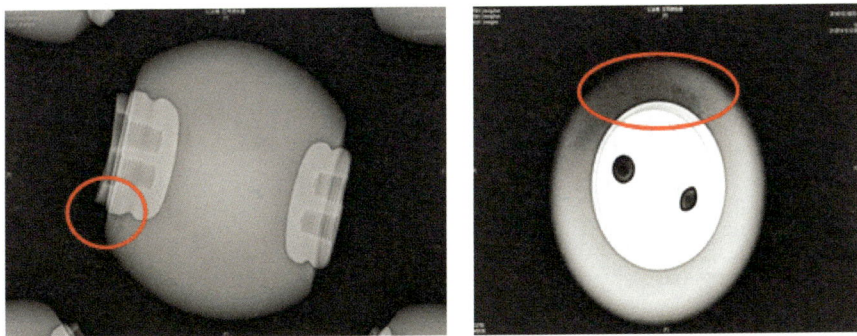

图 3-42　2aB 相母线支撑绝缘子 X 射线成像图

其他 5 个绝缘子未见异常，如图 3-43 所示。

根据图 3-42 观察到"2aB 相"支撑绝缘子上侧环氧树脂与金属件契合的部位存在"空隙"，应为生产厂家在进行环氧树脂绝缘子浇筑过程中未完全填满铸造件所致，并且"空隙"紧贴金属嵌件，"空隙"宽度在 1~2cm 之间，此缺陷属于厂家制造工艺问题。当母线在带电情况下，该"空隙"的存在会改变空间电场分部，产生局部放电信号。因此，该事件中产生局放超标信号的原因为母

图 3-43　5M 母线支撑绝缘子
（2aB 相除外）X 射线成像图

线支撑绝缘子内部缺陷。

四、预防措施

GIS设备内部绝缘件缺陷会引起GIS设备严重故障，再加上GIS设备为全封闭运行，内部绝缘件出现问题不会及时反映出来，长期运行会带来极大隐患，因此需要从以下几个方面预防GIS设备绝缘件缺陷。

（1）厂家出厂试验环节应对所有绝缘件进行耐压、局放试验，并逐件进行X射线探伤试验，检查绝缘件是否存在内部裂纹、空隙等难以肉眼观察到的缺陷，加强生产工艺的把控。

（2）该案例充分证实GIS局放检测和X射线探伤试验对检测GIS内部绝缘件缺陷十分有效。因此应定期开展GIS局放检测，并可在设备投产前利用X射线探伤技术进行GIS设备绝缘件的入网检测。

# 第七节　铝合金晶间腐蚀引起GIS设备气室管路风化严重

## 一、案例简介

铝合金材料密度小、强度高，导电导热性能仅次于银、铜和金，价格更是远低于上述金属材料。部分铝合金材料抗腐蚀能力较强，因此在变电设备中常用于开关表计接头等位置。2013年，对某220kV变电站220kV GIS进行专业巡视过程中，发现该站2005年投产的GIS设备气室管路铝合金部件存在严重腐蚀的情况。随即对装有止回阀的铝合金接头采取了带电更换的措施，及时调整了运维策略，包括提高专业巡视频率、动态跟进气室压力变化等。由于发现和检修及时，该站未发生开关故障，也未发生SF$_6$气体严重泄漏的后果。经事后调查，该站铝合金接头和三通阀块均出现不同程度的腐蚀开裂情况，在腐蚀表面发现大量硫离子和氯离子，而在铝合金基体内部却没有发现这两种离子。此次GIS设备中铝合金部件腐蚀案例在我公司尚属首次发现。

从图3-44～图3-45可以明显看出，连接密度继电器的接头和三通阀块的外表金属已经风化严重，并有大量金属屑脱落。

图 3-44 风化腐蚀的表计接头

图 3-45 风化腐蚀的表计接头和阀块

## 二、试验情况分析

### (一)外观检查

进行外观检查的试样共分 5 件，如图 3-46 所示。1 号、2 号为拆下的已经腐蚀严重的接头，可以看到腐蚀脱落的金属已影响到螺丝孔位，由于腐蚀原因

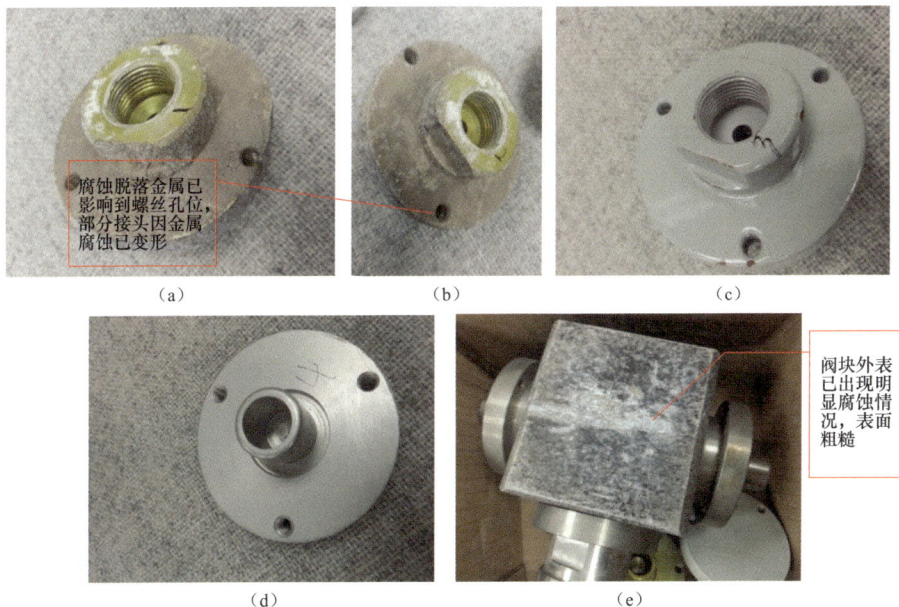

腐蚀脱落金属已影响到螺丝孔位，部分接头因金属腐蚀已变形

（a）　　　　　　　　　　（b）　　　　　　　　　　（c）

阀块外表已出现明显腐蚀情况，表面粗糙

（d）　　　　　　　　　　（e）

图 3-46　5 件试样外观检查

（a）1 号试样；（b）2 号试样；（c）3 号试样；（d）4 号试样；（e）5 号试样

接头已出现不规则变形，接头外表腐蚀明显，附着大量腐蚀产物；3 号试样为厂家提供更换的新接头，外表完好，表面涂有防腐漆；4 号试样为厂家提供更换的新接头盖板，外表完好；5 号试样为拆下的三通阀块，阀块外表已出现明显腐蚀情况，表面粗糙凹凸不平。

经过初步打磨后，腐蚀宏观形貌如图 3-47 所示。1 号、2 号试样外表金属已分层剥落，由圆形变成椭圆，部分螺纹孔已经穿透。三通阀块外表被腐蚀产物覆盖，有一个较深的腐蚀凹坑。

图 3-47　气室管路阀块和接头腐蚀情况

（二）光谱分析试验

采用手持直读光谱分析仪对试样材质进行成分分析，表 3-11 为材质中各成分的质量百分比，表中还列出 GB/T 3190—2008《变形铝及铝合金化学成分》中对 2024 铝合金的各类金属成分含量的质量百分比的要求，以供比对。可见，测试样品成分与 2024 铝合金牌号相符，新、旧试样均为 2 系铝合金（铝铜系）。

2 系、7 系铝合金防腐蚀效果较差，不符合 DL/T 1425—2015《变电站金属材料腐蚀防护技术导则》4.4.10 条关于高氯离子环境下不宜选用 2 系、7 系铝合金，且均应做阳极氧化和封闭处理的要求。

表 3-11　　　　　　　　　试样材质中各成分含量的质量百分比　　　　　　　　（％）

| | Si | Fe | Cu | Mn | Mg | Cr | Zn | Ti | Al |
|---|---|---|---|---|---|---|---|---|---|
| 1 号实测值 | | 0.239 | 3.71 | 0.585 | | | 0.04 | | 94.51 |
| 2 号实测值 | | 0.235 | 4.52 | 0.751 | | | 0.065 | | 93.73 |
| 3 号实测值 | | 0.304 | 3.8 | 0.553 | | 0.1 | 0.08 | | 94.21 |
| 4 号实测值 | | 0.389 | 4.46 | 0.726 | | | 0.258 | | 93.94 |

| | Si | Fe | Cu | Mn | Mg | Cr | Zn | Ti | Al |
|---|---|---|---|---|---|---|---|---|---|
| 5号实测值 | | 0.358 | 4.1 | 0.625 | | | 0.07 | | 93.74 |
| GB/T 3190—2008 规定的 2024 铝合金 成分含量范围 | ≤0.5 | ≤0.5 | 3.8~4.9 | 0.3~0.9 | 1.2~1.8 | ≤0.1 | ≤0.25 | ≤0.15 | 余量 |

### （三）涂层测厚

分别对 5 件试样进行取点，对所取点进行涂层厚度测试，试样取点位置示意图如图 3-48 所示。

图 3-48　取样位置示意图

用镀（涂）层厚度测量仪对表层进行 3 次测量，测厚结果见表 3-13。1 号、2 号试样表层为黄色非金属，3 号、4 号试样局部为喷漆。表 3-13 中 1B、1C、1D、2B、2C、2D 为腐蚀较轻的位置的涂层厚度，其他地方的涂层厚度更薄。5 号表面已经完全腐蚀，没有测厚。

从表 3-12 可以看出，1C 面、1D 面、2C 面、2D 面已经严重腐蚀减薄，只有 1B、2B 面的 1/4~1/2。4D 面喷漆厚度薄，厚度分布不均，且不符合 DL/T 1425—2015《变电站金属材料腐蚀防护技术导则》4.6.8 条防腐有机涂层的干膜厚度的规定：铝合金表面的干膜厚度不应小于 $90\mu m$。

表 3 - 12                          表 层 测 厚 结 果

| 测试位置 | 涂层厚度（μm） | | | 平均厚度（μm） |
|---|---|---|---|---|
| 1B面，涂层/阳极氧化膜 | 72.1 | 69 | 68.1 | 69.7 |
| 1C面，涂层/阳极氧化膜 | 33.5 | 37.7 | 29.2 | 33.5 |
| 1D面，涂层/阳极氧化膜 | 14.2 | 11.8 | 16.4 | 14.1 |
| 2B面，涂层/阳极氧化膜 | 74.9 | 72.9 | 73.6 | 73.8 |
| 2C面，涂层/阳极氧化膜 | 17.9 | 19.7 | 15.6 | 17.7 |
| 2D面，涂层/阳极氧化膜 | 13.7 | 17.6 | 19.5 | 16.9 |
| 3B面，涂层/阳极氧化膜 | 71 | 74.7 | 71.1 | 72.3 |
| 3C面，喷漆 | 177 | 159 | 119 | 151.7 |
| 3D面，喷漆 | 161 | 159 | 157 | 159.0 |
| 4A面，涂层/阳极氧化膜 | 12.8 | 10.3 | 10.2 | 11.1 |
| 4B面，涂层/阳极氧化膜 | 70.3 | 66.4 | 68.9 | 68.5 |
| 4D面，喷漆 | 89.5 | 67.4 | 62.3 | 73.1 |

（四）扫描电镜及能谱分析

将试样置于烧杯中用酒精经超声波清洗，随后在扫描电子显微镜下进行形貌观察。图 3 - 49 所示为旧接头典型的 SEM 形貌，可以看到样品表面阳极氧化镀层已出现较多沟壑，部分区域镀层已剥落，图 3 - 50 为腐蚀接头能谱分析图，可以发现腐蚀产物中含有硫离子和氯离子，腐蚀产物能谱分析结果见表 3 - 13，而对内部基体进行扫描电镜和能谱分析并未发现以上两种离子存在。

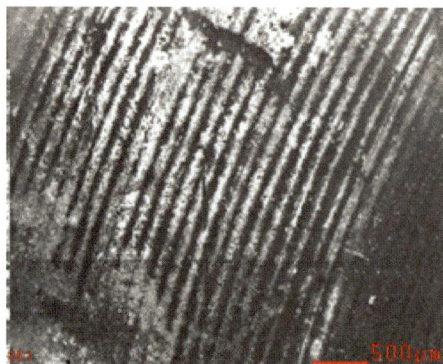

图 3 - 49 腐蚀接头典型的 SEM 形貌

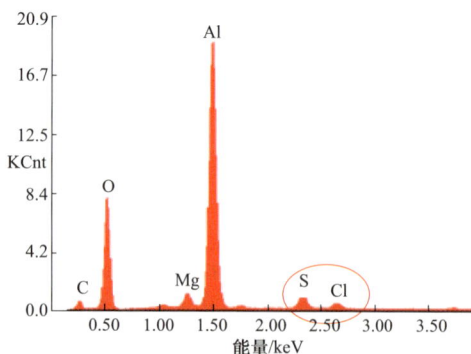

图 3 - 50 腐蚀产物能谱分析图

表 3-13　　　　　　　　　　　腐蚀产物能谱分析结果

| 元素成分（K层电子受射线激发条件下） | 质量百分比 | 原子数百分比 |
|---|---|---|
| 碳 | 10.77% | 17.38% |
| 氧 | 38.34% | 46.48% |
| 镁 | 2.59% | 2.07% |
| 铝 | 43.30% | 31.13% |
| 硫 | 3.49% | 2.11% |
| 氯 | 1.51% | 0.83% |

## 三、腐蚀机理分析

（一）晶间腐蚀和剥蚀

传统的高强度铝合金（2系和7系）和铝－锂合金易发生局部腐蚀，其主要的形式包括孔蚀、缝隙腐蚀、晶间腐蚀（IGC）和剥蚀等。铝合金典型的晶界模式常为沉淀相/溶质贫化区（SDZ）。通常铝合金的晶格本体、沉淀相和溶质贫化区之间的电化学行为相差很大，导致晶界比晶粒内部更易腐蚀。孔蚀或缝隙腐蚀会发展为晶间腐蚀，形成深入合金组织的腐蚀沟。而使用轧制或挤出工艺制成的板材或棒材，由于晶粒严重变形，晶间沉淀物/溶质贫化区形成了平行于表面的层状分布的活性阳极通道。在腐蚀产物楔入力的作用下，晶间腐蚀倾向于沿与表面平行的方向生长，并逐步发展为剥蚀。

剥蚀是对铝合金危害性很大的一种腐蚀形式，它具有不同的表现形式，如粉化、剥皮或产生直径几毫米的鼓泡。剥蚀导致材料强度和塑性的大幅度下降，从而降低了材料的使用寿命。

（二）腐蚀原因和条件

大多数铝和铝合金有良好的抗大气腐蚀性能，可以在没有保护的情况下长期地使用，不会由于出现孔蚀而导致结构失效。暴露在大气中的铝合金表面逐渐地由光亮变暗、变灰白，甚至变黑（在污染的大气中）。铝合金在大气中的腐蚀一般表现为表面出现浅坑从而变得粗糙不平，但没有明显的厚度减少。对铝－铜系（2系铝合金）和铝－锌－镁系（7系铝合金）高强铝合金是个例外，它们可能出现晶间腐蚀或者层状腐蚀，尤其在腐蚀性的工业大气和海洋大气中非常显著。

大部分的降雨、差不多所有的雾、表面蒸发浓缩的液层和铝表面小孔内的电解质都会使铝处于腐蚀状态。环境因素对铝的大气腐蚀的影响与对其他金属腐蚀影响相似，大气腐蚀与环境大气的相对湿度、温度，大气中 $SO_2$ 的浓度、$Cl^-$ 的含量以及降水的数量、酸度相关性较大。大气污染物通过干湿沉降，使得金属表面存在着和大气中同样丰富的化学组分。暴露在大气中的铝合金表面可分为 3 层：铝合金及其氧化膜、腐蚀产物层和大气污染物形成的污染层或薄液膜。因大气化学组分对铝和铝合金化学反应、电化学反应的不同及形成的腐蚀产物的性质不同，大气腐蚀存在着不同的腐蚀机制，在此不做展开分析。

我国在"八五"自然环境材料腐蚀数据积累及基础研究中，对 10 种典型铝合金在 7 个大气暴露站进行了为期 10 年的挂片试验。试验表明，所有的铝合金表面光泽消失，有较多的灰黑色腐蚀斑点，并随着环境严酷性增加而增加。在酸雨地区防锈铝 LDCS 和硬铝 LY12 比其他大气环境中的腐蚀更严重。在通常的潮湿大气环境及潮湿的海洋大气环境中还发现 LY12 有明显的剥蚀发生。在典型大气环境中各类铝合金的耐蚀性顺序：纯铝大于锻铝大于防锈铝大于硬铝及超硬铝合金。各类气候区的平均腐蚀率如下：城市和乡村小于 $0.25\mu m/a$，海洋的平均腐蚀率范围为 $0.16\sim0.90\mu m/a$，酸雨地区小于 $0.75\mu m/a$。

本案例中接头和阀块经过检测为 2 系铝合金。2 系铝合金以铜为主要合金元素，包括 $Al-Cu-Mg$、$Al-Cu-Mn$、$Al-Cu-Li$ 合金等，这些合金均属热处理可强化铝合金，属于硬铝合金。该合金的特点是强度高、耐热性能和加工性能良好，但耐蚀性不如大多数其他铝合金。长期暴露在沿海地区空气中，并且受到酸雨影响，容易使 $S^-$ 和 $Cl^-$ 附着，引起晶间腐蚀进而引起剥蚀现象。

## 四、检查情况

在确认该变电站 GIS 设备使用的气室管路金属部件为 2 系列铝合金，并了解腐蚀机理后，现场对腐蚀情况进行再次检查，分别对 2005 年、2008 年、2011 年投产和厂家提供新部件的铝合金进行对比，见表 3 - 14。检查发现该站 2005 年投产的间隔气室管路铝合金部件出现大范围严重腐蚀情况。另外发现该站对 2008 年投产的间隔气室管路铝合金部件也出现了少量腐蚀迹象（鼓包或起皮），如图 3 - 51 所示。2011 年投产的间隔并未发现明显腐蚀情况，且阀块及其他接头已采取封闭处理，如图 3 - 52 所示。对以上 3 个不同时期投产的间隔气室管路铝合金部件进行了直读光谱测试，测试结果与试验室测试结果相同，均为 2 系铝合金材料（铝－铜系）。随运行时间增加，接头腐蚀情况也越来越严重。

图 3-51　2008 年投产接头及阀块腐蚀情况　　图 3-52　2011 年投产接头及阀块腐蚀情况

表 3-14　　　　　　　　　不同投产时间铝合金部件对比

|  | 2005 年投产 | 2008 年投产 | 2011 年投产 | 厂家提供新部件 |
|---|---|---|---|---|
| 表计接头成分 | 2 系铝合金 | 2 系铝合金 | 2 系铝合金 | 2 系铝合金 |
| 表计接头涂层 | 无 | 无 | 无 | 防腐漆 |
| 阀块成分 | 2 系铝合金 | 2 系铝合金 | 2 系铝合金 | 2 系铝合金 |
| 阀块涂层 | 无 | 无 | 油漆 | 未提供 |
| 外表腐蚀程度 | 严重腐蚀 | 少量腐蚀 | 无明显腐蚀 | 未腐蚀 |

## 五、预防措施

（一）增量设备

大量研究和设备运行结果表明 2 系铝合金部件抗晶间腐蚀和剥蚀能力较差，在 DL/T 1425—2015《变电站金属材料腐蚀防护技术导则》4.4.10 条也提出变电站设备在"高氯离子环境下不宜选用 2 系、7 系铝合金，且均应做阳极氧化和封闭处理"，因此不宜将 2 系铝合金材料用在沿海地区及酸雨地区内的变电站设备部件中。

对于沿海变电站或者处于酸雨区的变电站设备来说，应在技术条件书中明确禁止使用 2 系、7 系铝合金材料。如使用 5 系或者 6 系铝合金材料的话，应在表面做阳极氧化和封闭处理，且防腐有机涂层的干膜厚度不应小于 $90\,\mu m$。或采用耐腐蚀性能更好的铜合金，或者用铬含量不低于18%、镍含量不低于8%的不锈钢材料替代。

厂家供货前应提供符合以上条件的产品试验报告。另外可在入网检测方案中明确铝合金部件的检测方法和要求，利用涂层测厚仪来检测铝合金部件表面有机涂层厚度，利用直读光谱分析仪来检测铝合金材料标号。

（二）存量设备

根据现场实地检测和检查结果，2005年投产的间隔暴露在大气中的铝合金部件已出现大范围严重腐蚀现象，铝合金部件强度和尺寸都受到严重影响；2008年投产的间隔暴露在大气中的铝合金部件腐蚀程度较轻；2011年未出现腐蚀情况。因此据此推断在深圳地区变电站用电设备暴露在大气中投运时间超过6年的2系铝合金部件存在发生腐蚀的严重隐患，因此建议对投运时间超过6年的2系铝合金部件尽快更换为5系或者6系铝合金材料并做封闭处理，或采用铜合金或铬含量不低于18%、镍含量不低于8%的不锈钢材料替代。对于运行时间未到6年的铝合金部件，应加强巡视，如发现起包、脱皮等现象应提早更换。

沿海地区及强酸雨地区空气中富含S⁻和CL⁻，2系铝合金部件在这种环境下长期暴露在大气中，易发生晶间腐蚀和剥蚀现象，造成铝合金强度降低。严重情况下会引起设备乃至电网故障，不可小视。可以通过更改材料、更换可靠部件、严格控制防腐有机涂层厚度、加强巡视的方式来防止因2系铝合金部件腐蚀导致的设备和电网损失。本案例分析对变电站铝合金部件腐蚀防护具有参考价值，也证实了2系铝合金部件不宜应用于沿海或者强酸雨地区的结论。

# 第八节　220kV GIS隔离开关传动轴
## 松动导致指示异常

**一、案例简介**

2014年1月16日，220kV某变电站进行隔离开关机构大修。在进行23715隔离开关特性试验时，发现无论隔离开关机构指示在合闸位置还是分闸位置，A相隔离开关指示均为接地状态，而B、C两相状态正确。初步怀疑是2371B0 A相接地开关外壳绝缘垫失效。但在将2371B0接地开关分闸后，A相2371B0接地联板不接地，故可排除外壳接地。

对此，将23715隔离开关机构置于分闸位置，进行23715 A相隔离开关回路电阻试验，检测出回路电阻为28μΩ，可判断A相隔离开关本体一直处于导通状态。

为了进一步确认故障原因，打开A相隔离开关气室的手孔盖，发现隔离开关本体处于合闸状态。对A相拉杆进行分合操作，隔离开关动触头未动作。通过进一步观察，内部绝缘传动杆未发生断裂且能跟随外部拉杆转动。因观察手孔狭小，且动触头传动连接处于屏蔽罩内，无法进一步确定故障原因。23715 A相隔离开关气室如图3-53所示。

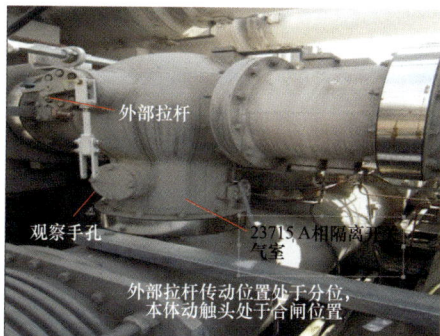

图3-53　23715 A相隔离开关气室

## 二、检查情况

### （一）X射线探伤检查

1月17日，经现场判断，此次隔离开关故障发生在隔离开关本体内部，无法通过观察手孔排查故障原因。结合对隔离开关内部结构的分析，利用X射线探伤成像对故障隔离开关进行检查，重点检查以下内容，见表3-15。

表3-15　　　　　　　　　　　　X射线探伤检查内容

| 序号 | 检查内容 | 检查情况 |
| --- | --- | --- |
| 1 | 隔离开关本体有无部件松动脱落 | 无明显脱落的部件 |
| 2 | 传动轴是否松脱 | 无松脱 |
| 3 | 动触头拐臂传动螺杆是否松动 | 间隙偏大 |
| 4 | 动触头拐臂是否移位 | 未能判断 |
| 5 | 动触头拐臂是否卡死 | 未能判断 |
| 6 | 拐臂与传动轴连接部位是否松动 | 未能判断 |
| 7 | 动触头插入深度 | 未能判断 |

在X射线检查过程中，分别拍摄了隔离开关的传动轴动作到合闸位置和分闸位置时，隔离开关内部部件的照片，如图3-54所示。通过对比两张照片可发现动触头拐臂的位置未发生变化。结合对隔离开关内部部件的分析，可判断是传动轴与拐臂连接部位松脱。

### （二）高分辨率内窥镜检查

由于X射线探视试验无法动态记录隔离开关在操作过程中各个部件的动作

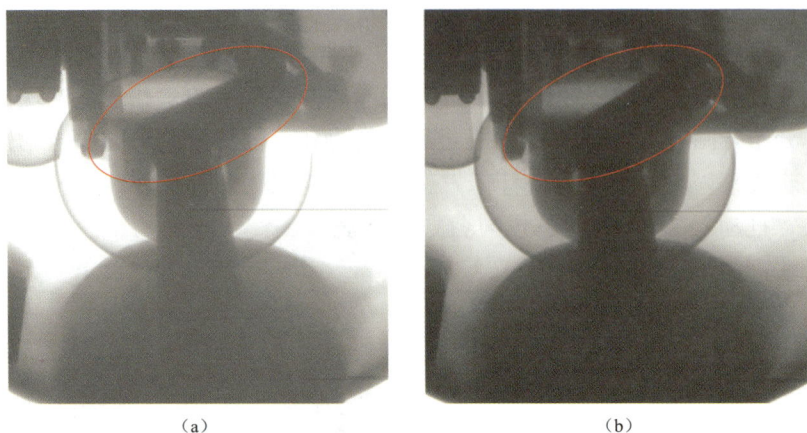

（a）　　　　　　　　　　　　　　（b）

图 3 - 54　隔离开关气室 X 射线成像图
（a）分闸时拐臂位置；（b）合闸时拐臂位置

情况，为更好判明故障的原因，1 月 18 日，应用高分辨率内窥镜对隔离开关内部进行详细检查，确认故障原因为隔离开关动触头拐臂与操作连杆六方轴连接处松动，导致操作杆空转，无法带动拐臂转动，如图 3 - 55 所示。

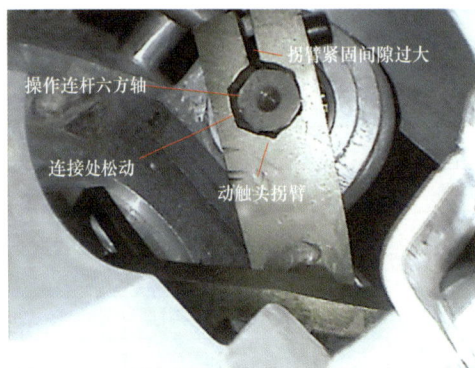

图 3 - 55　动触头拐臂与操作<br>连杆六方轴连接处松动

将气室解体后用 X 射线探伤也确定了拐臂紧固间隙过大的缺陷，如图 3 - 56 所示。

在应用内窥镜检查的过程中，还发现隔离开关梅花触头内存在疑似"毛线"的异物屏蔽罩内部存在异物，以及隔离开关内部导体表面有损伤等情况，如图 3 - 57 所示。

## 三、结论

该 220kV GIS 设备存在观察手孔孔径小和无波纹管的设计缺陷，给设备在故障后的检查及后续修复造成了困难。本次通过运用 X 射线探伤仪、高分辨率内窥镜两种检查手段，克服现场检查条件的限制，找出故障原因，明确判断故障部件，为以后修复方案的制订提供了参考。

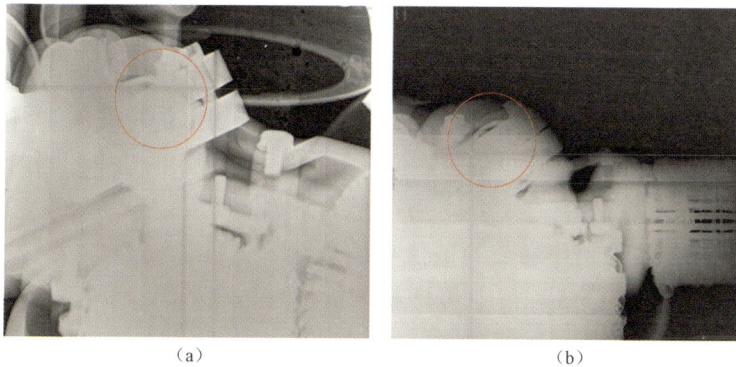

(a)　　　　　　　　　　　　　　　(b)

图 3-56　气室拐臂紧固情况

（a）故障气室拐臂紧固情况；（b）正常气室拐臂紧固情况

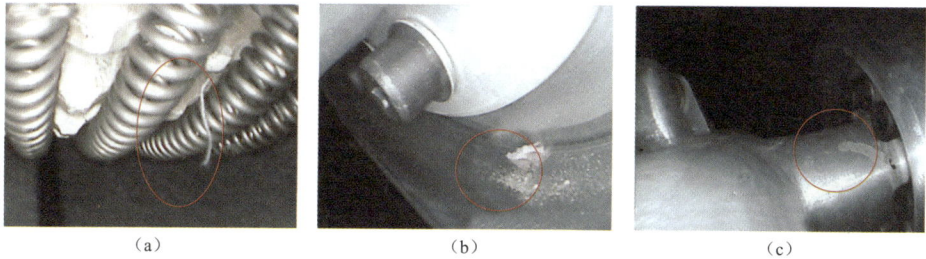

(a)　　　　　　　　　　(b)　　　　　　　　　　(c)

图 3-57　内部异物及损伤情况

（a）隔离开关梅花触头异物；（b）屏蔽罩内部异物；（c）隔离开关内部导体表面损伤

# 第九节　110kV GIS 电压互感器等间隔发生局部放电

## 一、案例简介

2011 年 4 月 1 日试验人员使用 GIS 局部放电（简称局放）特高频检测仪对 110kV 某变电站进行了 GIS 局部放电测量，检测到 1101 断路器间隔、111 TV、1012 断路器间隔、1547 断路器间隔、112 TV 共 5 个间隔存在明显的放电信号。初步判定为设备内部存在局放缺陷，建议定期复测并进行油化试验。

2011 年 4 月 2 日，对该站进行了油化试验，发现 2M 电压互感器 112 TV 间隔/112 TV 气室存在微量 $SO_2$ 和 $SOF_2$，$3.8\mu L/L$，未超标。

（一）112 TV 放电情况

4月12日，使用基于超高频原理的便携式局部放电检测仪对该站进行了测量，发现最左端的备用间隔一直到某线1547断路器间隔的母线气室内的5个盆式绝缘子存在明显的局部放电信号，位置为图3-58所示的几个间隔的母线盆式绝缘子及其附近盆式绝缘子处。之后，为了证实该局放信号并对该信号进行定位，分别使用了两种超声局放测试仪对该站GIS进行了测量，结果发现在112 TV 处有明显的局放信号，与100Hz相关信号高达300mV以上，且一直持续，具体位置如图3-59所示。

图 3-58　测到局放的部位

图 3-59　超声定出的故障位置

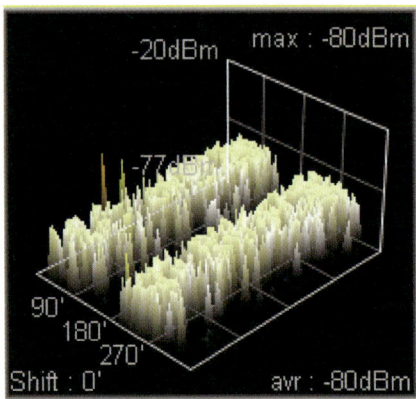

图 3-60　超高频测试信号测量结果波形

超高频测试此信号属非常典型的局放波形，幅值较大，且为持续性放电。具体波形如图3-60所示。

（二）1012 断路器间隔放电情况

在测量110kV 1M、2M 分段1012断路器间隔时发现附近几个盆式绝缘子在某个相位附近出现有非持续性的，但幅值较大的信号，仪器判断为40%左右的可能性是内部存在放电，60%左右可能性为外部噪声干扰。另外，使用超声仪器进行测量时结果正常。该间隔在之前的油化试验中并未发现问题，不排除其存在放电但放电为非持续性且能量较小，而未影响到气体试验的结果。

为了再次验证该信号是否为干扰信号，试验人员隔了4个多小时后，于当日下午又对该站进行了一次局部放电试验。首先使用超高频局放测试仪进行测试，发现该局放信号依然存在，且112TV附近几个盆式绝缘子的局放幅值比上午测得数值更大且信号更为明显，以112TV的盆式绝缘子为中心，越往外侧幅值越小。该信号也辐射到了GIS外的空气中，背景信号也非常强烈，情况如图3-61所示，其中通道1为测量信号，通道4为背景信号。另外，该信号的辐射已经向外扩展了两个间隔至1102断路器间隔处了。因此，该信号已完全覆盖了之前在1012间隔盆式绝缘子处测得的局放信号，无法测得1012盆式绝缘子的真实情况，辐射到的位置如图3-62中圆圈所示。测到的112TV附近盆式绝缘子处局放情况如图3-63所示。

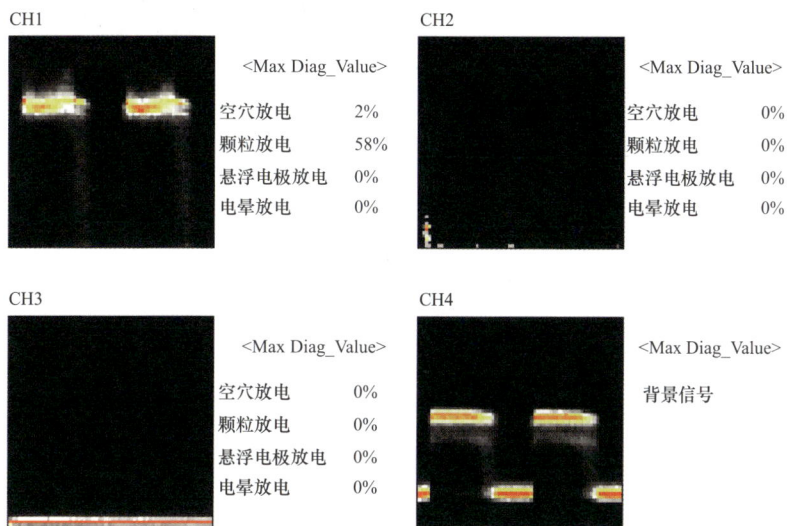

图3-61　四个通道的二维侧视图

之后，使用超声局放测试仪再次进行了试验，发现与100Hz的相关幅值已高达500mV。

（三）1号主变压器高压侧（又称主变变高）1101间隔局放测试和定位分析

现场对1号主变变高1101间隔每个外露的盆式绝缘子都进行了测试，图3-64显示了局放测试和定位中耦合器布点的分布情况。最高信号幅值出现在编号为D的盆式绝缘子上。测试中发现该局放活动的幅值较大，密度很低，基本在100个工频周期才产生1次放电信号，该信号为间歇性局放信号。由于该信号的密度相当得低，没有明显的类型特征。图3-65显示了测试中记录的局部放电信号。放电峰值最大约－40dBm，在 D 位置测量到的局放量最大。

图 3－62　可测得持续局放信号的
母线盆式绝缘子位置图

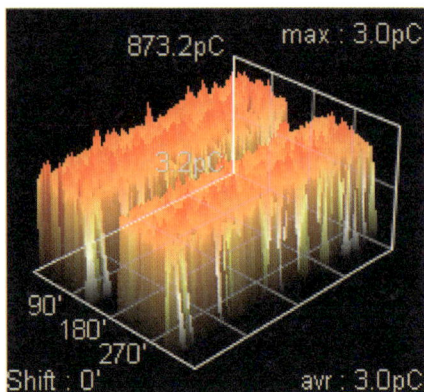

图 3－63　112TV 附近盆式绝缘子的
超高频测试结果图

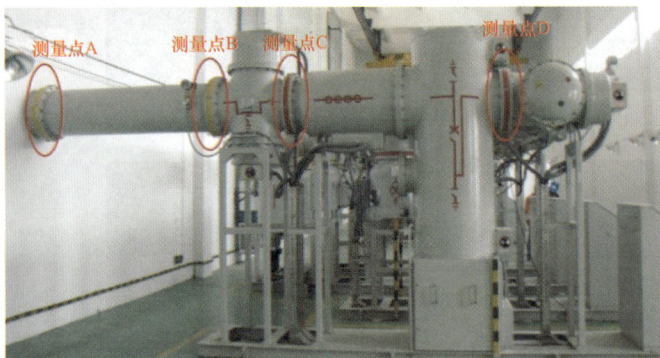

图 3－64　局放现场测试示意图

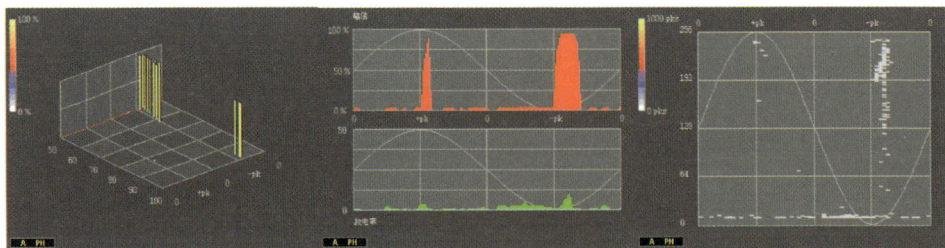

图 3－65　局部放电信号图谱

（四）复测情况

2011 年 4 月 16 日，112TV 停电后，公司对该站 GIS 进行了复测，以分析其余间隔的局部放电情况。本次测量分别使用了高频法和超声方法进行测量。1号主变变高 1101 间隔局放测试情况分析如下。

当日对整个站运行的 GIS 都进行了带电测试。结果发现，全站的背景中充斥着强烈的放电信号。靠近 1101 间隔处的背景信号幅值很大，已呈现红色，而且持续不断；而较远离处的背景信号幅值稍小，呈黄色；而很远离 1101 间隔的背景信号则是间断地出现能量极小的脉冲。

这些位置所测得的结果皆为连续的典型放电信号，且幅值较大，超过了背景，放电信号如图 3-66 所示。

之后，又在母线上进行测试，发现母线上临近 1 号主变变高 1011 断路器间隔的盆式绝缘子都是类似的信号，且幅值较大。一直到远离 1101 断路器的 2 号主变变高 1102 断路器间隔，母线上测得的信号方才变得较小。

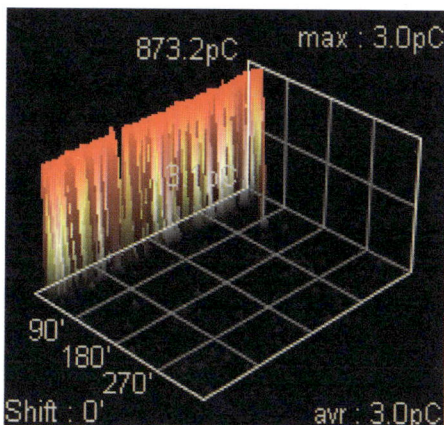

图 3-66　放电信号测试结果图

## 二、检查处理情况

### （一）112TV 解体情况

在对故障 TV 进行解体过程中发现其 B 相下部的铁芯接地螺丝有严重电弧烧蚀及熏黑痕迹。螺栓的垫片有一小部分已经烧掉，四周有大量粉尘。另外与之对应的 TV 的底部也存在大量的粉尘，检测发现该粉尘主要为金属成分，情况如图 3-67 所示。该螺栓在 C 相铁芯的位置如图 3-68 所示。

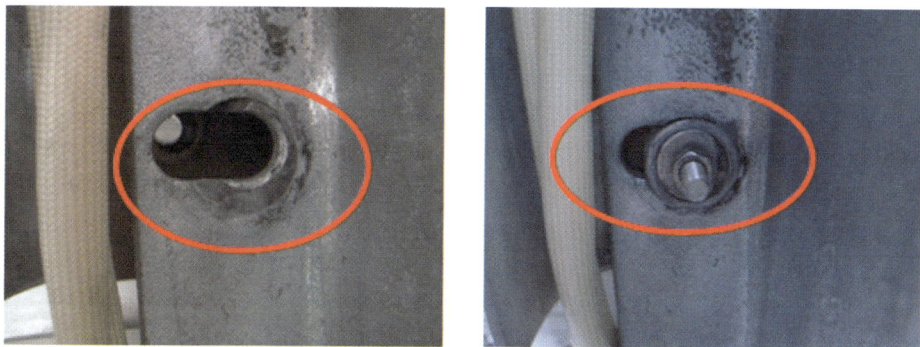

图 3-67　B 相铁芯接地螺栓烧蚀情况

图 3-68　C 相铁芯故障螺栓位置

## （二）1101 解体情况

厂家从 1101 断路器间隔接地开关端开盖，盖内侧及与盖连接的 A、B、C 三相绝缘子中 A、C 两相表面存在电弧熏黑的痕迹，且伴有一定量的粉末，情况如图 3-69 所示。

分析其原因应该是盖上的接触孔与绝缘子上的金属件连接不紧，产生悬浮电位而导致放电。为解决此问题，厂家在外盖与绝缘子金属件之间加入了一个带有弹簧的金属棒，该金属棒一头插入绝缘子金属件的孔内，一头顶在外盖的连接处。弹簧及其安装部位如图 3-70 所示，这样可以保证两者的充分接触，从而解决该类问题。

图 3-69　故障绝缘子处放电情况

## （三）1012 解体情况

1012 间隔的故障情况与 1101 类似，但其放电点只有 C 相，且 C 相绝缘子有明显贯穿性的熏黑痕迹，故障情况如图 3-71 所示，A、B 相情况正常。厂家对于该间隔的处理方式也与 1101 相同。即先将其擦拭，弄干净，之后加入弹簧以保证连接紧密。

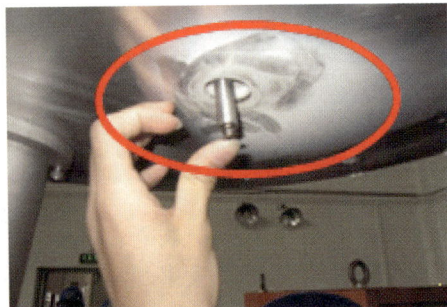

图 3-70　弹簧及其安装部位

98

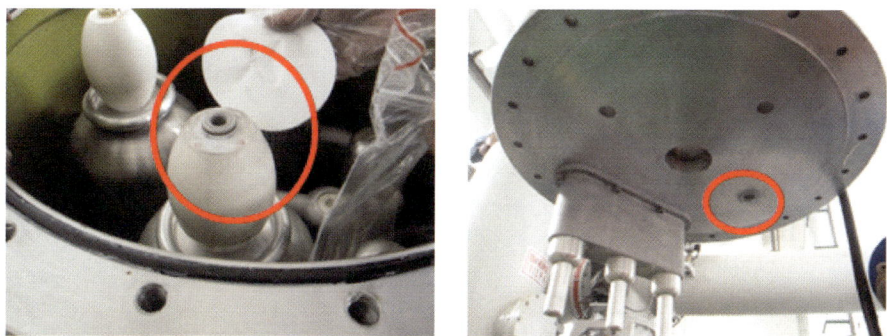

图 3 - 71　1012 C 相故障情况

### 三、预防措施

　　该站 GIS 断路器出现多处相同情况的放电问题，且放电皆由设计结构导致接触不良引起，可见该类问题应该引起足够的重视。鉴于改良该类缺陷的方法并不复杂，厂家应使用类似的方法改良同型号同类型所有的断路器，预防缺陷的发生。

# 第四章

## 高压开关类设备典型缺陷及故障分析

### 第一节　500kV 断路器销轴断裂导致分闸异常

**一、案例简介**

2014 年 7 月 8 日，某 500kV 变电站按计划开展断路器小修及防拒动检查。在对某 500kV 断路器进行分闸特性试验时发现，在机构分闸状态下，断路器 C 相一侧断口导通。随后，通过绝缘电阻表多次测量该断口均为导通状态。对该断口做回路电阻试验，测得阻值为 $30\mu\Omega$，而另一侧断口以及与 B 相同侧断口阻值均为无穷大。

**二、检查情况**

（一）X 射线成像检测

对缺陷断路器 C 相灭弧单元进行 X 射线成像检测，由于灭弧室结构相对复杂，重点检测连接杆与水平拉杆的止动销连接部位。通过对比两侧断口成像图，并对照处于合闸状态的断口同样位置示意图，可见分闸时缺陷断口连接杆未动作到位，如图 4-1 所示。

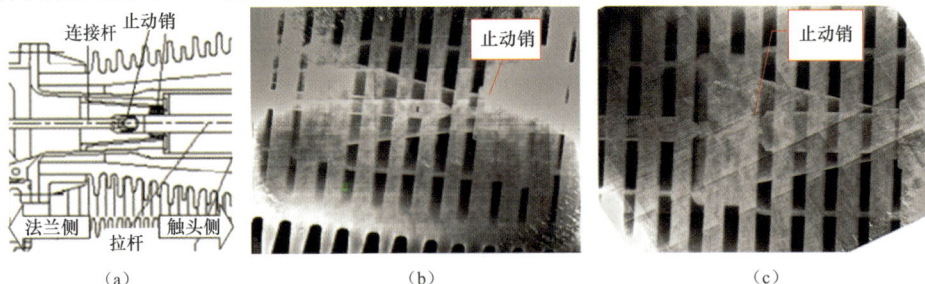

图 4-1　合闸断口止动销位置示意图及缺陷断路器两侧断口止动销 X 射线成像图
（a）合闸断口；（b）缺陷断口；（c）正常断口

由此可排除止动销及灭弧系统失效导致断路器分闸异常的可能，推断可能出现连接失效的地方为绝缘支柱内垂直操作杆和连接杆之间的传动部分。打开曲柄机构箱盖板进行检查，发现缺陷断口连接杆与操作杆上方内摇臂发生松脱，如图4-2所示；连接杆内驱动销轴断裂脱落，如图4-3所示。

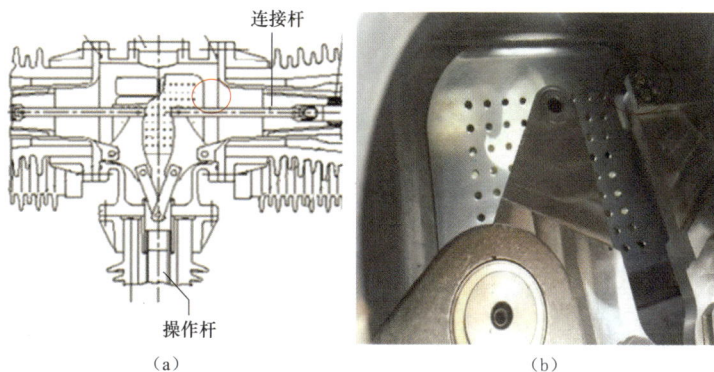

图4-2　曲柄机构示意图及缺陷断路器开盖检查情况

(a) 曲柄机构；(b) 连接松脱

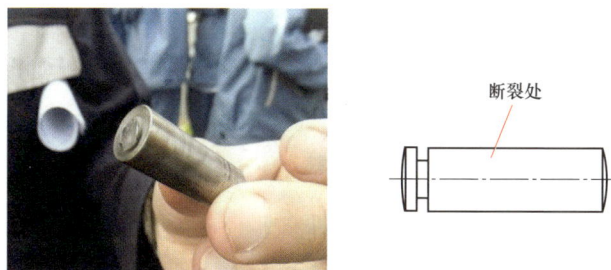

图4-3　缺陷断路器连接杆驱动销轴断裂

（二）解体检查情况

对缺陷断路器进行解体，包括灭弧单元与曲柄机构壳体的分离，曲柄机构壳体内相关零件的拆解、检测，灭弧单元内动、静触头的操作灵活性检查，绝缘支柱的逐节拆除，主回路电阻测量等，共发现以下几点：

（1）缺陷侧断路器灭弧室回路电阻符合要求。

（2）缺陷侧断路器动触头运动顺畅，可用手顺畅合闸和分闸，无卡涩现象。

（3）在绝缘支柱底部发现断裂销轴的帽头，销轴整体无明显磕碰痕迹，驱动销轴及其帽头的断面层呈不规则形状，表面没有发现明显缺陷，而且驱动销轴和帽头断面吻合度较好，吻合后无明显倾斜，无其他明显碎裂物，如图4-4所示。

（4）对销轴、驱动杆、内摇臂、限位片等部件进行尺寸测量，除缺陷侧驱动杆发生明显变形外，其余部件主要参数均符合图纸设计要求，如图4-5所示。

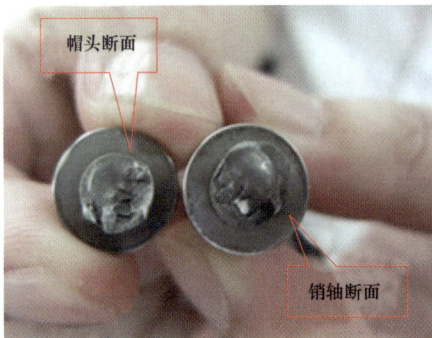

图4-4　断裂销轴断面图

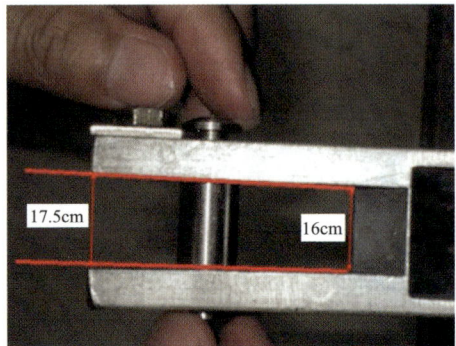

图4-5　断路器缺陷侧驱动杆
（不等宽变形）测量图

（5）缺陷侧内摇臂有撞击痕迹，与内摇臂孔径配合的衬套内部已经受损，衬套远离限位片的一面被挤出，衬套内部有月牙形撞击痕迹，如图4-6所示。

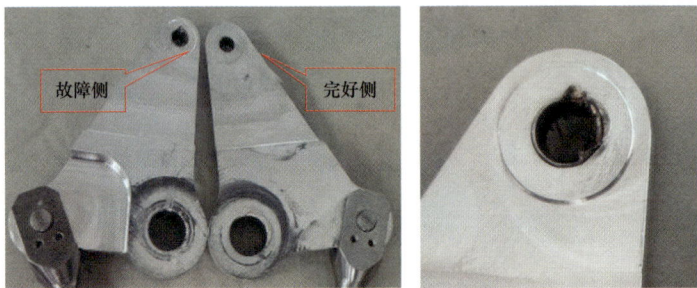

图4-6　断路器缺陷侧内摇臂有撞击痕迹

（6）缺陷限位片背面可见半月形擦痕，与销轴位置相符，限位片孔内可见螺丝胶，如图4-7所示。

（三）销轴材质及断面检测

经检测断裂销轴化学成分符合设计要求，基本排除由化学成分及力学性能不合格造成驱动销轴断裂的可能。

对销轴断面进行扫描电镜及能谱分析检测，能谱分析中没有发现腐蚀产物，说明不是应力腐蚀开裂。电镜照片中可看到明显的韧窝，说明不是脆性断裂；整个断口均没有发现疲劳纹，不是长期周期性受力引起的疲劳断裂，如图4-8所示。

图4-7 断路器缺陷侧内摇臂擦痕

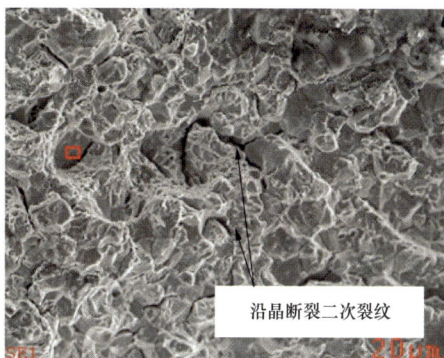

沿晶断裂二次裂纹

图4-8 断裂销轴断口扫描电镜
分析（比例尺20μm）

（四）销轴受非常规外力验证试验

销轴的径向剪切试验显示现场销轴的断口形态与径向剪切试验结果高度吻合，说明现场销轴的断裂应当是受到剪切力的作用。同时轴向拉伸试验显示，试验销轴完全从连杆中脱出，销轴和限位片均有明显的塑性变形、无断裂，与现场断裂销轴的断口形态不符。

### 三、原因分析

根据对断裂销轴的检查及试验分析，判断销轴因帽口处受径向剪切力作用而断裂。销轴从驱动杆内脱出，导致断路器无法正常分闸。

## 第二节 35kV隔离开关连杆固定钢棒断裂

### 一、案例简介

2012年7月16日，运行人员发现某500kV变电站35kV第3组电容器组尾端325D隔离开关C相底座固定连杆用的钢棒断裂（如图4-9～图4-10所示），并因此导致A相连杆弯曲（如图4-11所示），缺陷未对其他运行设备造成直接影响。完好钢棒如图4-12所示。

图4-9　断裂钢棒上段

图4-10　断裂钢棒下段

图4-11　A相连杆受力弯曲

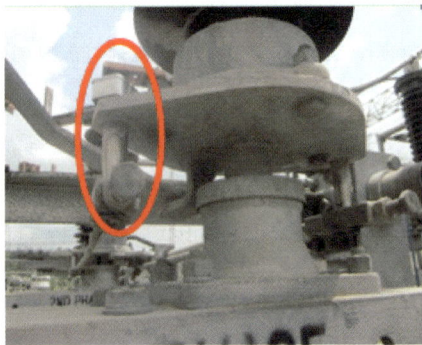

图4-12　完好钢棒

## 二、检查情况

（一）外观检查情况

根据钢棒断裂情况，断裂面有明显横切贯穿性裂纹，从断裂面沿纵轴线方向的钢棒表面有明显裂纹，如图4-13所示。

（二）实验室分析

（1）断裂钢棒断口位于钢棒变径过渡位置，该部位属于应力较为集中的相对薄弱部位。该断裂钢棒在投入使用前内部可能存在同过中轴线的裂纹性缺陷。

（2）对同一传动部件上的断裂钢棒和完好钢棒进行光谱分析，表明两者的材质与厂家提供的钢棒材质（304 不锈钢）不相符。

（3）金相试验发现断裂钢棒的组织晶粒比完好钢棒组织晶粒粗大得多，观察到主裂纹和小裂纹都沿晶界扩展。

（4）显微硬度试验发现断裂钢棒横截面上的硬度分布不均，中心部位比靠外壁部位的硬度低约 20%，但断裂钢棒中心部位的硬度仍比完好钢棒横截面的硬度平均值高约 10%。

图 4-13　断裂钢棒情况

（5）扫描电镜下观察，断口呈冰糖状脆性断口特征形貌。能谱分析发现断口表面覆盖大量氧化腐蚀产物。

### 三、原因分析

根据对断裂钢棒的检查分析，判断钢棒断裂原因主要是钢棒在冷拔后的热处理不到位，使得钢棒组织粗大、内外硬度不均匀、材料脆性大，产生较大的内应力。在冷拔过程或其后的热处理过程中还在钢棒内部产生了穿过中轴线的纵向裂纹性缺陷，钢棒在运行过程中缺陷逐渐扩展，最后在相对薄弱的变径过渡段断裂。

# 第三节　隔离开关刀头和支柱绝缘子断裂故障

### 一、案例简介

2011 年 11 月 25 日上午，运行人员在设备巡视时发现某 110kV 甲隔离开关 C 相刀头从固定底座处断裂，由导线悬挂于空中。在运行人员向调度申请 220kV 某变电站 A 110kV 1M 紧急停运操作时，另一乙隔离开关 C 相靠 TA 侧支柱绝缘子断裂。获悉故障情况后，立即组织开展抢修工作。经过抢修，完成甲乙两隔离开关刀头、支柱绝缘子等故障部件的更换工作，顺利复电恢复正常运行。

发生故障的甲、乙两组隔离开关基本情况一致。如型号：GW4 - 110DW（甲隔离开关），GW4 - 110DDW（乙隔离开关）；额定电流：1250A；出厂年份：1994 年；操作形式：手动操作。

## 二、原因分析

### （一）110kV 甲隔离开关故障分析

1. 现场检查情况

通过对裂纹仔细检查：甲隔离开关靠母线侧 C 相刀头底座铸铝存在旧开裂痕迹，如图 4 - 14～图 4 - 15 所示。判断其已开裂一段时间，且在最近一次操作前，旧裂纹已经贯穿整个铝铸件达 80％以上。

2. 刀头底座断裂的技术原因分析

一方面刀头底座铸铝材质及制作工艺存在本身缺陷或质量问题，在验收过程及历次检查中并未暴露且作为隐患长期存在，支柱绝缘子由于受到引线的拉力作用，使得隐患随运行时间增加而扩散；另一方面由于隔离开关长期未操作，存在部件氧化、锈蚀及卡滞等现象，致使分合闸操作阻力增大。该刀头底座铸铝件为操作时的主要受力点，在经历最近一次分闸操作，并在当晚风力使导线摆动幅度增大、拉力增大的作用下最终从旧裂纹处发生贯穿性断裂。

图 4 - 14　C 相刀头底座断裂

图 4 - 15　C 相刀头底座铸铝件开裂情况

### （二）乙隔离开关支柱绝缘子断裂故障分析

1. 现场检查情况

经现场检查 C 相隔离开关支柱绝缘子断裂如图 4 - 16 所示，隔离开关传动机构运转正常，支柱绝缘子断面清晰，可排除因隔离开关机械卡滞、导电部件配合异常、支柱绝缘子外部损伤缺陷原因造成断裂故障。现场检查发现该支柱绝缘子底座断裂处有明显的积尘痕迹，这也证明该支柱绝缘子已开裂一段时间。同样由于该位置隐蔽，绝缘子积尘较多，常规巡视及维护工作中无法发现该隐患。绝缘子外圆断面存在不均匀的青色环，与内圆断面存在颜色差异，如图4-17所示。

图4-16　C相隔离开关支柱绝缘子断裂

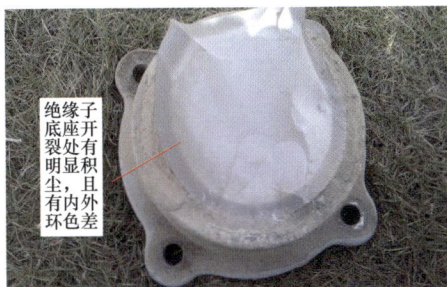

图4-17　乙隔离开关支柱绝缘子断裂（底座）

2. 孔隙性试验

为验证支柱绝缘子材料的性能，在顶端法兰胶装处取样，送至国家绝缘子避雷器监督检验中心进行孔隙性试验（此项试验是检验瓷质致密度的关键项目），试品呈现渗透现象，如图4-18所示，检验结果不合格。同时，根据国家绝缘子避雷器质量检测中心报告，该断裂支柱绝缘子的生产厂家早期（2001年前）普通瓷产品截断面普遍存在明显的黄芯、青边状况，集中反映材质的不均匀和不致密性。在运行过程中各种应力作用下，瓷体的微观结构发生变化，孔隙逐渐加大，典型结果反映为孔隙性试验不合格。材质劣化引起的机械性能逐

图4-18　孔隙性试验试品呈现渗透现象

步下降，往往在运行过程中发生开裂和断裂，弯曲破坏试验结果难以满足技术参数的相关规定，在国内曾发生两起支柱绝缘子断裂的典型事故。

3. 断裂的技术原因分析

该断裂支柱绝缘子的生产厂家所生产的支柱绝缘子用于多个合资、国产厂家的隔离开关、断路器等设备中。个别设备的制作工艺或材质质量存在本身缺

陷。绝缘子因材质、工艺问题随时间产生自身劣化是发生断裂的原因。绝缘子由于长期经受户外大气环境的作用，而且还不同程度地承受着弯矩或扭矩的作用，产生疲劳和老化是必然的。2006 年广东省电科院专门组织了对 1988 年至 1992 年期间该厂生产的 110kV 及以上支柱绝缘子的抽样检测裂纹工作，结果也印证此期间该厂的产品有部分存在本身缺陷。

该隔离开关长期未操作，转动部件存在氧化、锈蚀及卡滞等现象，分合闸操作阻力增大，而该位置是支柱绝缘子承受转动扭力、绝缘子重力的主要部位。同时，在该站多年来的工程施工中该支柱绝缘子可能曾受过横向外力作用。这种不合理的力长期作用在绝缘子上，必定会对绝缘子和法兰造成损伤。在当日分闸操作作用力下，最终支柱绝缘子断裂。

## 三、预防措施

甲隔离开关故障原因为刀头底座铸铝材质及制作工艺存在本身缺陷，在运行过程中逐步劣化，无法承受正常操作负载，发生断裂。

乙隔离开关故障原因为支柱绝缘子内部先天性缺陷，在运行过程中瓷质逐步劣化，导致承载能力下降，无法承受正常操作负载，发生断裂。

A 站 110kV 甲隔离开关刀头底座铸铝件断裂、乙隔离开关支柱绝缘子断裂两起故障均得到及时控制和有效地处理，未造成电网和设备事故。针对这两起故障，反措如下：

（1）抢修过程中，检修人员对甲、乙两组隔离开关的共计 12 个刀头底座铸铝件进行了重点的检查，未发现其他刀头底座铸铝件及支柱绝缘子有开裂现象。设备抢修完成后，立即使用望远镜等手段对该站隔离开关进行专项检查，未发现支柱绝缘子及刀头底座有明显裂纹现象。考虑目前设备积污较多，可能影响检查结果，计划完成 A 站带电水冲洗再组织开展一次专项检查。

（2）刀头底座铸铝件旧裂纹位于隔离开关顶部，在设备带电运行情况下，无法通过常规巡视发现该隐患。此外，目前隔离开关已取消了周期性的检修维护，在结合停电进行检修维护的状态检修策略下，由于母线侧隔离开关的停电范围较大，且近年来无停电机会，检修专业也未能提前发现该隐患。综合以上情况应对运行时间较长以及重要线路的支柱绝缘子开展有针对性的带电测试，加强技术监督。

（3）对运行 20 年以上隔离开关的支持和传动绝缘子抽样进行抗弯和抗扭强度试验。根据测试结果综合分析评估此类产品是否需要进行相关改造。

（4）严把入网质量关，杜绝低质量产品入网。对于新投运的隔离开关，应严格控制安装质量，着重检查、调整传动系统，检查各传动部件有无变形和损坏的情况，防止绝缘子长期承受不均衡力。

# 第四节　220kV隔离开关支柱绝缘子断裂导致母线失压故障

## 一、案例简介

2012年4月10日，某500kV变电站运行人员将220kV某线1M侧24501隔离开关拉开后，正准备操作下一个间隔时，24501隔离开关B相支柱绝缘子顶端突然断裂，引流线摆动过程中发生220kV 2M接地。因正在进行倒母线操作，220kV母差保护工作投单母差，母差保护动作跳开母线上除2538断路器（SF$_6$低气压闭锁）外所有断路器，该站220kV 1号、2号母线失压。

## 二、现场情况分析

经现场检查，24501隔离开关拉开到达分闸位置后，其B相支柱绝缘子断裂，B相铸铁触头与支柱绝缘子连接处发生断裂，引流线摆动过程中发生220kV 2M接地，情况如图4-19所示。

(a)　　　　　　　　　　　(b)　　　　　　　　　　　(c)

图4-19　24501隔离开关现场检查情况

(a) 24501隔离开关B相铸铁触头脱离；(b) 触头与引流线坠落；

(c) 触头与24501隔离开关操作拐臂放电

24501隔离开关B相上节支柱绝缘子顶端法兰根部瓷断裂，断面未见明显分层，瓷质均匀；绝缘子外圆断面存在不均匀的青色环，与内圆断面存在颜色差异，如图 4 - 20 所示。

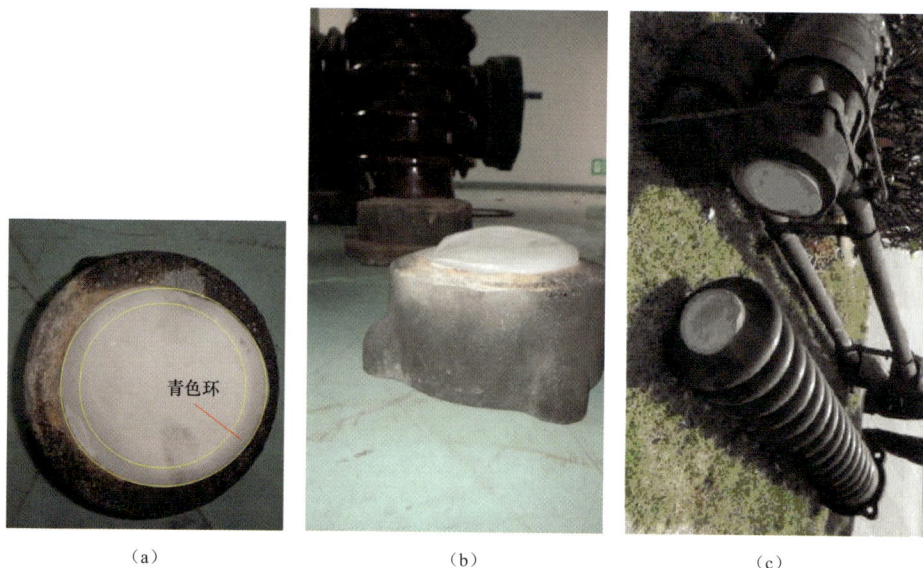

图 4 - 20　支柱绝缘子断裂面情况

(a) 断裂面可见外环存在青边；(b) 顶端法兰的断裂面；(c) 顶端法兰与支柱绝缘子的断裂面

### 三、保护动作情况

20 时 30 分 53 秒，24501 隔离开关 B 相断裂，造成母线接地故障，因进行倒闸操作 220kV 母线保护一、二的母线互联连接片已投入，220kV 母线保护一、二动作，跳开 220kV 1M、2M 上除母联 2012、深清甲线 2538 外的所有断路器，深圳站 220kV 母差保护正确动作。

### 四、解体检查情况分析

对 B 相故障隔离开关的导电及传动部件进行了解体检查，如图 4 - 21 所示。检查结果为：①转动轴运转正常，在整个行程中转动平顺，无卡滞；②通过导电接触痕迹检测发现，触头插入深度为 82mm，符合要求，不存在插入过深的情况；③触指与导电块接触良好，间距为 75mm，符合要求，触指表面未发现老化、裂纹、熔焊；④导电软铜排无粘连，可正常弯曲，无锈蚀痕迹；⑤尼龙轴套完整无损，无明显凹坑划痕；⑥转轴表面光滑、未磨损、未变形锈蚀；⑦润滑剂无干涩现象；⑧支柱绝缘子顶端法兰处未见放电痕迹。

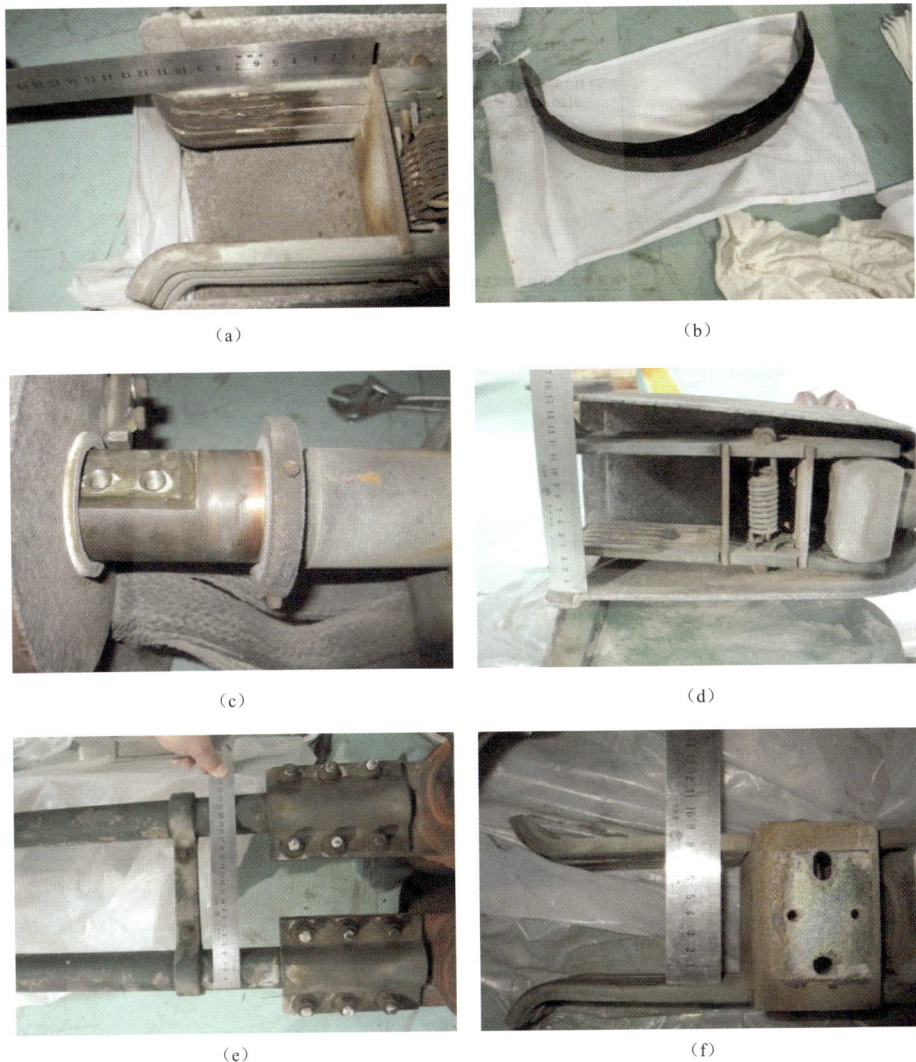

(a)　　　　　　　　　　　　　　(b)

(c)　　　　　　　　　　　　　　(d)

(e)　　　　　　　　　　　　　　(f)

图4-21　B相隔离开关导电及传动部分解体情况

(a) 触头插入深度检查；(b) 导电软铜排检查；(c) 转轴与尼龙轴套检查；

(d) 触头盖检查；(e) 导杆距离检查；(f) 触指宽度检查

综合解体检查结果，确认隔离开关转动机构运转正常，支柱绝缘子断面清晰，未见明显旧痕，可排除隔离开关机械卡滞、导电部件配合异常、支柱绝缘子外部损伤缺陷导致断裂的可能。

对隔离开关操作受力情况进行分析，每相有两根导电臂，每根导电臂有两个接触点，一共 4 个接触点，选择不同分闸位置，分别计算 4 个接触点的作用力及对支柱绝缘子产生的扭矩，计算结果见表 4-1。计算结果证明，隔离开关操作过程中支柱绝缘子的扭矩小于 300N·m，隔离开关对支柱绝缘子的扭转作用力，在支柱绝缘子的安全许用应力范围内。其中支柱绝缘子承受力矩的曲线如图 4-22 所示。

表 4-1　　　　　　　　支柱绝缘子承受力矩计算表

| 分闸角度（°） | 0 | 2 | 4 | 6 | 8 | 10 | 12 | 14 | 16 |
|---|---|---|---|---|---|---|---|---|---|
| 支柱绝缘子承受力矩（N·m） | 0 | 23.8 | 77.8 | 259 | 274 | 251 | 257 | 246 | 0 |

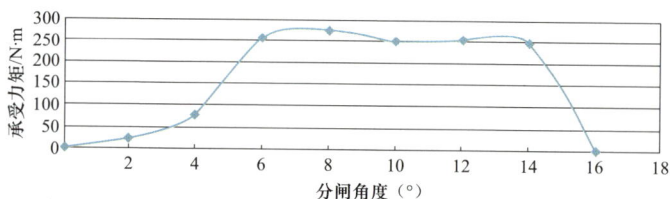

图 4-22　支柱绝缘子承受力矩曲线

GW4A 型隔离开关支柱绝缘子的现场受力主要来源有：一是扭转力，来源于动、静触头之间分、合过程中互相挤压产生的作用力，以及顶部转轴的摩擦力，总扭转负荷为 300N·m；二是拉力，直接来源于引线的拉力，引线拉力 1500N（纵向）、500N（轴向）；三是隔离开关导电臂自重力，等效远程载荷大小为 500N，重心距离支柱绝缘子轴心 650mm。

弯曲负荷作用于支柱绝缘子时，产生的最大应力点位于支柱绝缘子底部法兰处，而本次断裂处位于支柱绝缘子顶部法兰下缘，故可排除支柱绝缘子因弯曲负荷而被破坏，而应为扭转负荷造成支柱绝缘子破坏。针对支柱绝缘子抗扭工况，采用 ANSYS 有限元分析软件建模仿真。经仿真计算，该支柱绝缘子扭转负荷 2000N·m 时，最大等效应力计算值为 24MPa，实际工况最大等效应力计算值为 17MPa，均满足支柱绝缘子设计许用应力的要求（弯曲许用应力：35MPa；扭转许用应力：25MPa）。

（1）加强对支柱绝缘子瓷件质量的管控，设备新投运或大修后按批次抽样进行孔隙性试验。

（2）研究新型支柱绝缘子瓷件材料，加强材质的均匀性和致密性管控。

# 第五节　开关柜拒动导致保护越级动作

## 一、案例简介

2012年2月17日，某110kV变电站的10kV F19外部线路发生三相短路故障，F19线路保护动作（故障电流8688A）出口但开关机构拒动，造成1号主变压器低压侧（又称主变变低）后备保护"第一次"越级动作，同时由于501断路器跳闸时间过长，造成1号主变压器高压侧（又称主变变高）后备保护"第二次"越级动作跳开1101断路器，切除F19外线路故障，引起1号主变压器（简称主变）及10kV 1M失压。详细动作过程见表4-2。

表4-2　　　　　　　　　　F19线路故障详细动作过程

| 时间节点 | 事件顺序 | 情 况 说 明 |
|---|---|---|
| 22：32：31.029 | 10kV 1M F19线路外部故障 | 发生故障时刻 |
| 22：32：31.365 | F19断路器过渡 | 约0.3s后F19断路器保护动作出口跳闸，F19断路器始终未能成功跳闸 |
| 22：32：31.966 | 1号主变变低501断路器过渡 | 1号主变变低后备保护动作0.9s出口跳501断路器，501断路器延时跳闸 |
| 22：32：32.566 | 1号主变变高1101断路器过渡 | 1号主变变高后备保护动作1.5s出口跳1101断路器 |
| 22：32：32.612 | 1号主变变高1101断路器分闸 | 1101断路器约50ms分开，1101断路器瞬时成功跳闸 |
| 22：32：34.218 | 1号主变变低501断路器分闸 | 501断路器延时2.25s |

17日23：00，现场初步检查及处理情况如下：

（1）经过详细检查，未发现1101及501断路器有明显异常现象，主变及10kV母线无异常情况，地区供电所报告F19外部有故障短路点，初步判断这是一起由线路外部故障且开关拒动引起的越级跳闸。随后，立即将F19外部线路故障隔离，快速恢复了1号主变及10kV 1M正常运行。

（2）检查10kV F19断路器，发现分闸线圈已烧黑，测量线圈电阻为2.5Ω（正常175Ω）。更换线圈、调整机构和保养维护后，多次检测断路器分合闸机械特性，试验结果均合格，随即恢复送电。

该站 10kV 1M 母开关柜及机构参数：

生产日期：1997 年 12 月；

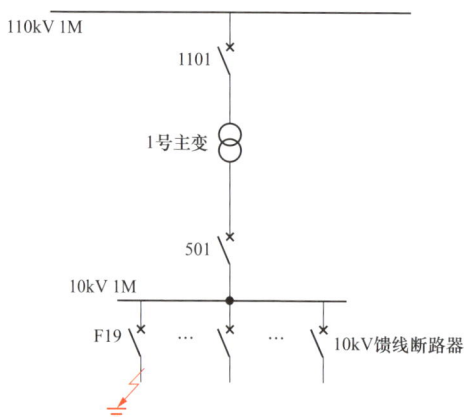

图 4-23 故障时 110kVA 站 1M 运行方式

型式型号：XGN2-10（箱型固定式金属封闭开关柜）；

机构型号：CT19（弹簧式操动机构）。

故障时该站 1M 的运行方式如图 4-23 所示。

## 二、停电检查试验情况

10kV 1M 送电，同时开展 501 断路器越级跳闸的停电检查试验，重点检查保护出口、直流电源、开关机构动作性能，通过示波器数据捕捉延时时间，查找问题所在，重演故障过程，以彻底查明"越级跳"这个老大难问题，并提出相应的反措计划。

（一）试验方案

2 月 21 日，首先检查保护动作出口情况，其次使用高速示波器捕捉真实"分闸时间"，同时监测故障情况下直流母线电压的波动情况，再次进行开关机构分、合闸特性测试，最后分析"越级跳"原因，并维护保养 501 断路器。其中保护传动 501 开关机构试验接线如图 4-24 所示。示波器捕抓分闸线圈电压大小及分闸时间如图 4-25 所示。

图 4-24 保护传动 501 开关机构试验接线

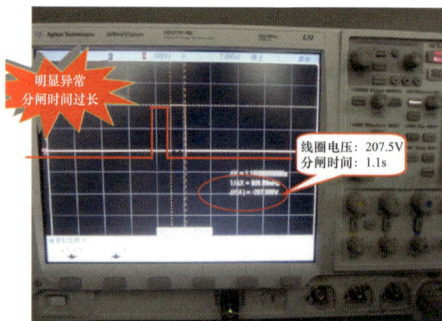

图 4-25 示波器捕抓分闸线圈电压大小及分闸时间

（二）试验过程与步骤情况

停电检查试验具体情况见表4-3。

表4-3　　　　　　　　　停电检查试验具体情况

| 步骤顺序 | 检查项目 | 检查方案 | 数据记录 | 结论说明 |
|---|---|---|---|---|
| 1 | 保护装置检查 | 501断路器合位，退出低压侧后备跳501出口连接片，测量并记录低后备保护动作出口时间、出口连接片下端电压（备注：主变低后备I段整定为0.9s，直流系统电压为±220V） | 出口时间：937ms；出口电压：115.3V | 保护出口时间及电压：正常 |
| 2 | 直流系统检查 | 在3次用低压侧后备保护传动使501断路器跳闸的同时，记录跳闸过程中直流系统母线电压变化情况（备注：直流母线系统额定电压为±220V） | 直流系统电压：第1次219.9V；第2次220.1V；第3次219.9V | 直流系统：正常 |
| 3 | 开关机构检查 | 501断路器合位，投入低压侧后备跳501出口连接片，用低压侧后备保护传动501断路器时，用示波器抓捕分闸线圈两端的动作电压波形，记录并分析线圈动作电压大小、持续时间与断路器分闸时间的关系（备注：线圈直流电阻为185.5Ω，直流系统电压为±220V） | 第一次传动：动作电压210V，分闸时间1.10s；SOE变位：1.11s。第二次传动：动作电压208V，分闸时间0.12s；SOE变位：0.13s。第三次传动：动作电压210V，分闸时间1.88s；SOE变位：1.89s | 断路器分闸脱扣严重延时，延时情况无规律性，开关机构存在明显脱扣时间过长 |
| 4 | 开关机械特性测试 | 断开501断路器二次控制电源，就开关机本体开展2次额定电压下的机械特性测试，记录机械分闸脱扣时间（备注：断路器分闸标准值小于等于60ms） | 第一次测试：动作电压219V，分闸时间：拒动。第二次测试：动作电压221V，分闸时间：拒动 | 开关机构分闸脱扣拒动 |
| 5 | | 为消除501断路器延时分闸或拒动的问题，尽快恢复开关送电，检修人员对开关机构脱扣及传动机件，进行了更换分闸线圈、调整脱扣行程、彻底清洗和润滑传动齿轮等多项处理。调整和保养后，做了3次开关机械特性试验，其分闸时间小于等于30ms，测试结果均合格。试验记录如下 | | |

| 分闸测试 | A相分闸时间 | B相分闸时间 | C相分闸时间 | 相间同期时间 | 线圈电流 |
|---|---|---|---|---|---|
| 第1次 | 25.3ms | 25.1ms | 25.4ms | 0.3ms | 1.20A |
| 第2次 | 24.5ms | 24.2ms | 24.5ms | 0.4ms | 1.33A |
| 第3次 | 21.0ms | 20.8ms | 21.2ms | 0.4ms | 1.56A |

注　SOE事件记录的是保护及其他信号的动作顺序，以便分析故障。

（三）试验结论

（1）1号主变保护装置低后备保护动作时间及出口电压正常，可排除保护装置造成越级跳的可能，无需整改。

（2）测试过程直流系统母线输出电压为±220V，且正常稳定，可排除直流系统造成越级跳的可能，无需整改。

（3）OPEN3000系统后台，记录的SOE信号501断路器变位时间，与现场示波器计算分闸时间几乎完全一致，可作为日后监测10kV断路器分闸时间的依据。

（4）通过以上5次分闸测试和捕捉分闸线圈电压波形分析可知，1号主变低501断路器第1次分闸时间：1.1s；第2次，0.12s；第3次，1.88s。3次分闸时间不合格、过长且无规律性（正常应小于0.05s）。后续2次测试甚至出现拒动情况。

（5）通过以上分析表明，501断路器机构存在间歇性延时脱扣的机械问题，导致断路器分闸时间过长或断路器拒动，这也是此次110kV变电站"越级跳闸"的直接原因。需对该站及同类型开关机构进行全面整改。

## 三、原因分析

（一）CT19型开关机构保护动作跳闸原理

该站10kV开关柜配备的操动机构型号为CT19，发生故障时，10kV断路器保护装置检测到故障电流，并启动。受定值时限约束后，接通开关二次控制回路，使开关机构分闸线圈励磁，线圈铁芯动作，冲击分闸脱扣器挡板，致使机构分闸弹簧完全释能。通过行程辅助开关（DL）切断二次控制回路，同时带动断路器灭弧室内上下触头分离，直至故障电弧熄灭，完成分闸，其动作跳闸原理如图4-26所示。

（二）501断路器延时跳闸原因分析

该站10kV 1M开关柜是1997年出厂的XGN2-10型开关柜，配备CT19型操动机构，运行15年，投运后传动次数较少，缺乏定期维护保养。经现场仔细检查，发现其开关机构传动部件存在固化、锈蚀、卡涩等缺陷。由于操动机构脱扣不够灵敏、分闸线圈等元件接触电阻增大、行程变化等因素使得断路器在电动操作或保护传动时，二次控制回路接通分闸线圈、铁芯动作后，机构不能快速脱扣，甚至拒动，最终致使断路器分闸延时或拒动，使得分闸线圈长时间带电而烧毁，从而引起越级跳闸事件。

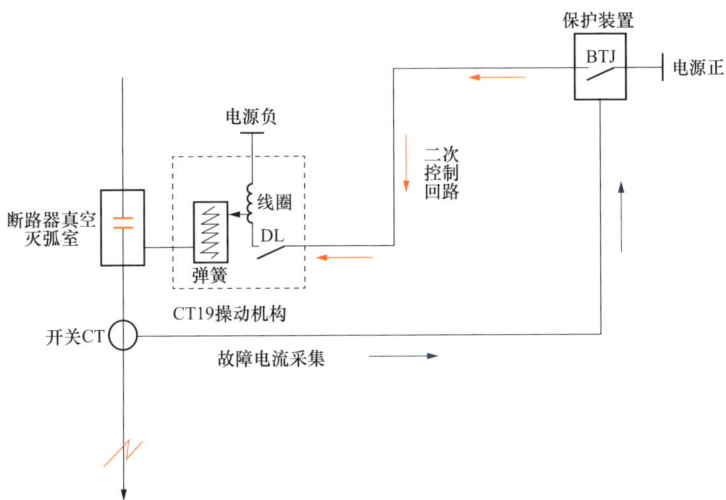

图 4-26　CT19 型开关机构保护动作跳闸原理示意图

## 四、预防措施

针对老式的 CT19 型开关机构，可能存在延时分闸或拒动的问题，结合机构的结构特点和维护守则，提出了有以下几项有效提高断路器分闸可靠性的措施。

（一）SOE 分闸时间测量

每年选择合适停电时间，对该类型 10kV 馈线断路器进行分、合测试，同时监测 SOE 分闸时间，分析分闸时间是否合格。若分闸时间存在明显异常，应立即进行停电消缺处理，对问题断路器进行深度保养维护。

优点：快速分、合开关 1 次，停电时间短，发现问题后有针对性地进行停电维护保养，一定程度可提高线圈及机构动作性能。

缺点：仅适用于馈线断路器，不适用于变低开关机构。事实证明，老式 CT19 开关机构存在间歇性延时脱扣问题，存在间歇性和不确定性。操作一次分合开关只能改善而不能解决问题，机械性能的改善只能维持很短的时间。

（二）停电深度保养

每年迎峰度夏前，对老式的 CT19 型开关机构全面进行停电深度检修和保养。深度保养工作内容包括：更换分、合闸线圈，更换辅助开关，调整脱扣行程和弹簧，彻底清洗和润滑传动齿轮等，整体提升开关机构机械动作性能。

优点：可深度检修和保养开关机构，机械动作性能可有效提升 90%，且可较长时间（1年）维持开关机械动作灵敏性和可靠性。

缺点：停电时间较长（每面开关柜停电时间3～4小时），对10kV供电可靠性影响较大。若停电过程中出现设备缺陷而消缺处理，停电时间可能会更长，不利于供电可靠性指标。

（三）彻底技改和加装空调

对此类CT19型开关机构10kV开关柜进行全面的改造更换。逐步更换为机构动作性能更为可靠和稳定的手车式开关柜。同时，逐步对10kV高压室加装空调，以改善设备的运行环境，长时间保持开关机构的动作性能。

优点：能彻底解决这批CT19老开关机构的动作不可靠、缺陷多的问题。

缺点：投资大，项目实施时间长（一般2～3年）。需改造的机构数量大，需有计划的逐步立项改造更换，不能解决眼前"越级跳"的问题。

# 第六节　10kV开关柜内部受潮导致接地故障

## 一、案例简介

2011年5月1日2时29分46秒，某220kV变电站的10kV 2BM、3BM分段532B开关TA柜和2BM、3BM分段532B开关柜发生故障，10kV 2BM、3BM分段532B断路器保护动作，随后3号主变压器低压侧（又称主变变低）后备保护动作，切开503B断路器；2号主变变低后备保护动作，切开502B断路器。

（一）故障当日该站设备运行情况

220kV该站共有4台主变压器（简称主变）、13条110kV线路、8条220kV线路。故障当日A站的运行方式如下：①13条110kV线路均带电运行中，6条220kV线路带电运行中、2条220kV线路处于检修状态；②220kV侧挂1M运行的主变是1号主变和3号主变，挂2M运行的主变是2号主变和4号主变，3M处于热备用状态；③110kV侧挂1M运行的主变是1号主变和3号主变，挂2M运行的主变是2号主变和4号主变，3M处于热备用状态；④10kV 1AM、10kV 1BM，10kV 2AM、10kV 2BM，10kV 3AM、10kV 3BM，10kV 4AM、10kV 4BM分列且分别挂1号、2号、3号、4号主变运行；⑤10kV分段断路器：521A断路器、521B断路器，532A断路器、532B断路器，543A断路器、

543B 断路器均处于热备用状态；⑥消弧线圈 L01、L02、L03、L04 分别接至 10kV 1BM、2AM、3BM、4AM。10kV 2BM、3BM 分段 532B 开关 TA 柜和 532B 开关柜的基本参数分别见表 4-4 和表 4-5。

表 4-4　　　　　　　10kV 2BM、3BM 分段 532B 开关 TA 柜

| 额定电压 | 10kV | 额定电流 | 3000A |
|---|---|---|---|
| 主母线额定电流 | 3000A | TA 型号 | LMZBJ1-10/250 Ⅱ |
| 生产时间 | 2000.4 | 投产日期 | 2004.11 |

表 4-5　　　　　　　10kV 2BM、3BM 分段 532B 开关柜

| 额定电压 | 10kV | 额定电流 | 3000A |
|---|---|---|---|
| 主母线额定电流 | 3000A | 额定开断电流 | 40kA |
| 4s 热稳定电流 | 40kA | 动稳定电流 | 100kA |
| 生产时间 | 2000.4 | 投产日期 | 2004.11 |

（二）开关柜发生故障爆炸事故经过及运行处理情况

2：29AM：10kV 2BM、3BM 分段 532 开关 TA 柜和 2BM、3BM 分段 532B 开关柜发生爆炸；2 号主变变低 B 分支 502B 断路器、3 号主变变低 B 分支 503B 断路器跳闸；1 号主变冷却器全停。

3：00AM：运行人员现场检查 10kV 2BM、3BM 分段 532B 断路器，发现 C 相真空泡击穿爆裂，引起 2 号主变变低 B 分支 502B、3 号主变变低 B 分支 503B 断路器跳闸。将 10kV 2BM、3BM 分段 532B 断路器由热备用转为冷备用。

3：35AM：合上 10kV 1BM、2BM 分段 521B 断路器，10kV 2BM 充电正常。

3：47AM：合上 2 号主变变低 B 分支 502B 断路器，断开 10kV 1BM、2BM 分段 521B 断路器，恢复 10kV 2BM 所有负荷。

3：57AM：合上 3 号主变变低 B 分支 503B 断路器，恢复 10kV 3BM 所有负荷。

4：5AM：10kV 2BM、3BM 分段 532B 断路器由冷备用转为检修。

（三）现场发现故障情况如下

10kV 2 BM、3BM 分段 532B 开关 TA 柜内：

（1）A 相 TA 的伞群有破损，如图 4-27 所示。

（2）A 相母排上多处烧蚀形成缺口，B 相母排只有靠近穿柜套管处一个烧蚀缺口，A、B 相穿柜套管间柜板形成两个缺口，如图 4-28 所示。

图 4 - 27 532B 开关 TA 柜内 A 相
TA 伞裙破裂

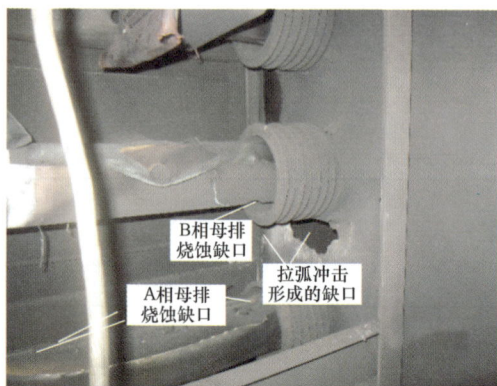

图 4 - 28 532B 开关 TA 柜内母排与
柜板故障情况

10kV 2BM、3BM 分段 532B 开关柜内：

真空断路器 C 相真空泡玻璃破碎，且灭弧室接触面上下端有拉弧烧坏，如图 4 - 29 所示；A、B 相真空泡玻璃有裂痕，未破碎；三相真空断路器故障情况如图 4 - 30 所示。

图 4 - 29 532B 开关柜 C 相真空泡破碎，
内部铜壳部分已被电弧烧熔

图 4 - 30 532B 开关柜内
三相真空断路器故障情况

## 二、保护动作情况

（一）保护动作情况

检查现场，保护动作情况如下：

（1）2时29分46秒414毫秒，3号主变低B分支后备过流Ⅰ段Ⅰ时限动作跳开503B，并闭锁532B和543B备自投，一次故障电流为16050A。

（2）2时29分46秒946毫秒，10kV 2BM、3BM分段532B断路器保护过流Ⅰ段保护动作，一次故障电流为16320A。

（3）2时29分47秒10毫秒，2号主变低B分支后备过流Ⅰ段Ⅰ时限动作跳开502B，并闭锁532B和521B备自投，一次故障电流为15520A。

其中3号主变A屏录波如图4-31所示，3号主变变低B分支故障录波如图4-32所示。2号主变变低A侧录波如图4-33所示，2号主变变低B侧录波如图4-34所示。

（二）故障过程分析

由于10kV分段532B断路器处于热备用状态，发生三相故障时，532B断路器TA感应到故障电流，达到保护过流Ⅰ段动作定值（16.5A，0s，TA变比3000/5），故障电流为16320A；2号、3号主变分别通过变低断路器和10kV 2B段母线、3B段母线向故障点提供故障电流，故障电流达到2号、3号主变低后备过流Ⅰ段Ⅰ时限动作定值（4A、0.5s，TA变比5000/5），使主变后备保护动作，跳开502B和503B断路器。

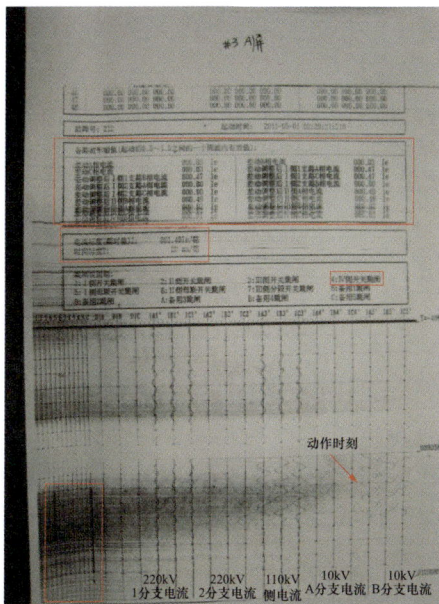

图4-31　3号主变A屏录波图

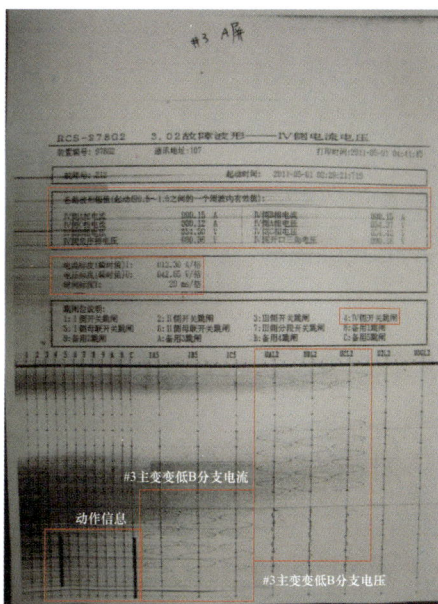

图4-32　3号主变变低B分支故障录波图

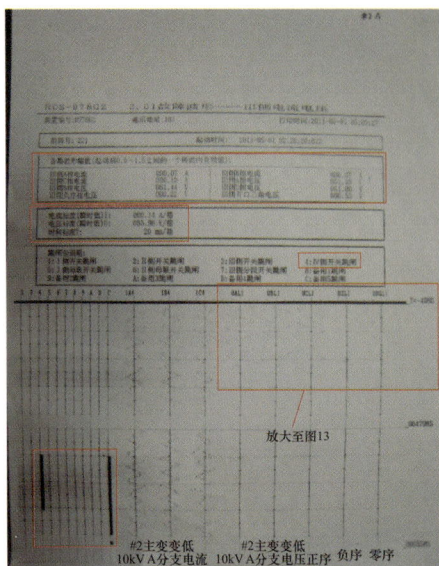

图 4-33　2 号主变变低 A 侧录波图

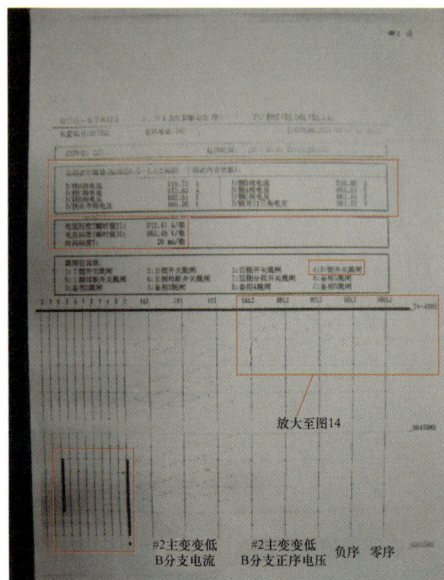

图 4-34　2 号主变变低 B 侧录波图

### 三、试验情况

（一）故障前试验情况

2010 年 7 月 20 日，对 A 站 10kV 开关柜进行普测并定位时发现 10kV 2BM、3BM 分段 532B 开关 TA 柜，2BM、3BM 分段 532B 开关柜以及 10kV 2AM、3AM 分段 532A 开关 TA 柜，2AM、3AM 分段 532A 开关柜均存在轻微局部放电（简称局放）信号。

2011 年 3 月 2 日和 4 月 24 日，两次对 A 站 10kV 开关柜进行跟踪复测并定位，结果发现 10kV 2BM、3BM 分段 532B 开关 TA 柜和 10kV 2AM、3AM 分段 532A 开关 TA 柜均存在明显局放信号波形，如图 4-35 所示。其中 532B 开关 TA 柜的局放信号波形用蓝色线条表示，它的放电电压幅值达 59mV，大于经验值 20mV；532A 开关 TA 柜的局放信号波形用红色线条表示，它的放电电压幅值达 26mV。计划 2011 年 5 月份中旬该两组母线综合停电之际对其进行耐压局放试验以进一步验证确定该处的局放情况。

（二）故障后试验情况

考虑到之前初步测量及复查定位判定 10kV 2AM、3AM 分段 532A 开关 TA

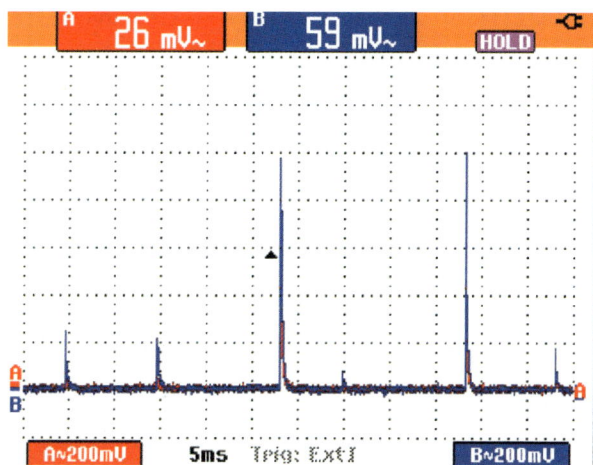

图 4 - 35 10kV 2AM、3AM 分段 532A 开关 TA 柜和 10kV 2BM、
3BM 分段 532B 开关 TA 柜的局放信号波形

柜和 2AM、3AM 分段 532A 开关柜均存在局放信号。故障当日早晨 10 时 30 分，将 10kV 2AM、3AM 分段 532A 断路器由热备用状态转为检修状态，分别对 2AM、3AM 分段 532A 断路器断口及 532A2 隔离开关断口、532A3 隔离开关断口进行耐压及局放测试试验，结果未发现有明显的局放信号。

将 10kV 2AM、3AM 分段 532A 断路器由检修状态转为热备用状态，对该处又展开了带电局放测试，结果仍未发现有明显的局放信号，排除了 2AM、3AM 分段 532A2 及 532A3 隔离开关处存在局放的可能性。

分析此次试验结果：将 10kV 2AM、3AM 分段 532A 断路器由热备用状态转为检修状态之后，打开柜门发现 532A 断路器 TA、532A 断路器及母排表面污秽较为严重，使用酒精对其分别进行了清洗工作，改善了局放信号产生的环境条件。

（三）后续处理情况

事故之后，对事故开关柜进行了修理，更换了事故中损坏的 TA 和断路器，对更换的设备进行了耐压试验，试验过程中未发现异常，交接试验结果合格，532B 开关柜已于 5 月 2 日晚顺利送电。

四、原因分析

（一）背景情况

A 站事故发生前一天晚上有中雨，环境比较潮湿，10kV 2BM、3BM 分段

532B 开关 TA 柜内污秽较为严重，且 A 相母排靠近中间隔板处穿柜套管比 B、C 相穿柜套管的伞裙（B、C 套管均为 7 个）少两个，测量之后发现 A 相穿柜套管的爬距大概比 B、C 相少四五厘米（但是设计裕度值肯定都是满足运行要求的）。

（二）故障初步分析

2 号主变变低 A 侧电压录波图放大和 B 侧电压录波图放大分别如图 4-36 和图 4-37 所示。

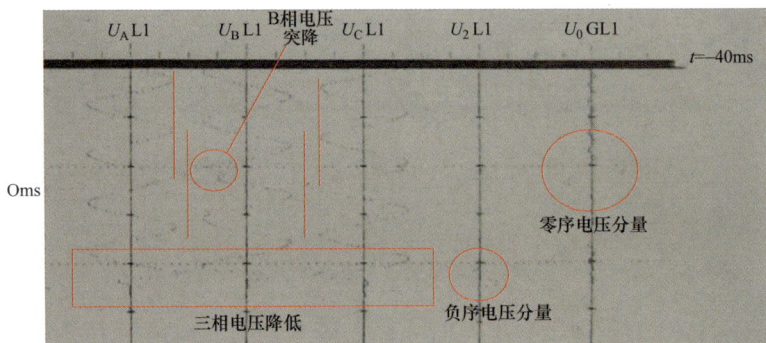

图 4-36　2 号主变变低 A 侧电压录波图放大

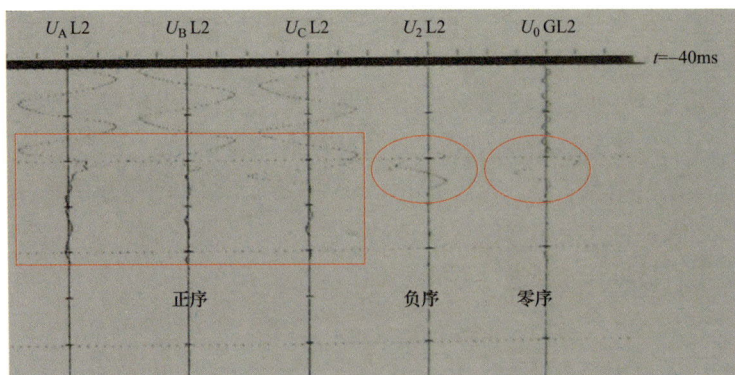

图 4-37　2 号主变变低 B 侧电压录波图放大

根据图 4-36 和图 4-37 可以清楚看出，故障起动时刻（0ms 处）Ⅲ侧 B 相电压由峰值突降，且 A、C 相电压瞬间升高至正常相电压的约 1.33 倍，且同时伴随有零序分量的产生，说明发生了单相接地故障。但电压波动后很快恢复正常，约 2 个周波（40ms）后 A、B 相电压几乎同时跌落为零，且伴随有负序电压分量的产生，说明发生了 AB 相短路故障，再往后三相电压都跌落为零，无负序、零序分量产生，说明发生了三相短路接地故障。

（1）第一阶段—单相接地故障。由于环境潮湿，10kV 2BM、3BM 分段 532B 开关 TA 柜内 B 相母排侧穿柜套管表面污秽严重，长期存在一定的局放现象。2011 年 5 月 1 日凌晨，在下雨湿度较大的环境下，B 相母排沿穿柜套管发生对地放电现象，形成单相接地故障。由于 532B 断路器处于热备用状态，3BM 侧的消弧线圈 L03 未起到补偿电流作用，从而导致了第二阶段的发展。

（2）第二阶段—开关三相击穿故障。B 相发生单相接地故障后，引起 A、C 两相电压升高，导致相邻 532B 开关柜内 C 相真空断路器断开触头发生击穿放电，真空泡爆破，同时震裂周围的 A、B 相真空断路器的真空泡，三相均被击穿。

（3）第三阶段—相间短路故障。532B 断路器三相发生击穿故障之后，三相电流迅速增加，达到 16050A。紧接着，532B 开关 TA 柜侧 A 相穿柜套管爬距本身较 B、C 相小，A 相母排率先沿穿柜套管对中间的接地隔板放电，出现拉弧现象，形成相间短路故障。在中间隔板处形成两个熔洞，并且在两相靠近套管处形成两个上下对称的缺口，进一步发展为三相短路故障。

（4）第四阶段—主变变低保护动作。2 号、3 号主变分别通过变低断路器和 10kV 2B 段母线、3B 段母线向故障点提供故障电流，故障电流达到 2 号、3 号主变低后备过流 I 段 I 时限动作定值，使主变后备保护动作，跳开 502B 和 503B 断路器。

## 五、预防措施

此次故障原因推测为单相接地导致其他两相形成过电压，击穿处于热备用状态下的真空断路器，进一步形成相间短路，最终发展成为三相短路。

经过仔细研究和分析，应采取以下几种避免相似故障发生的措施。

（1）建议系统尽量接入消弧线圈运行，以避免由于单相接地故障发生导致相间短路故障，进一步扩大事故的危害程度。

（2）开关柜生产厂家应改进工艺，以保证设备各位置的绝缘性能。

（3）主变在经历过大短路电流的冲击后极有可能有潜在缺陷，应加强该主变监测工作，确保主变安全运行，消除事故风险，确保电网安全稳定。

# 第七节 上隔离开关动静触头松脱
## 导致开关柜故障

## 一、案例简介

某 220kV 变电站 A 共有 10kV 母线 4 段，每段均有 A、B 分支。其中 I、II 段开关柜 2005 年左右投入运行，发生故障的 2C4 开关柜位于 10kV II B 段，柜内采用 GN30 型隔离开关。2011 年 6 月 15 日（故障当日）A 站 10kV 系统处正常运行方式，即 1 号、2 号、3 号、4 号主变压器（简称主变）分别带 10kV I、II、III、IV 段负荷，故障发生当日电容器组 2C4 4 时由运行转热备用，直至 18 时 14 分由热备用转运行远控操作，随即发生 2C4 开关柜上隔离开关炸毁故障，并导致 502B 断路器跳闸。

## 二、故障过程及保护动作情况分析

2011 年 6 月 15 日 18 时 14 分，A 站 10kV 2BM 电容器组 2C4 开关柜上隔离开关靠 10kV 母线处发生三相接地故障，2 号主变 IV 侧后备保护过流 I 段 I 时限动作，502B 断路器跳闸，最大故障电流 19200A。2 号主变保护 502B 侧后备保护定值单中过流 I 段 I 时限动作值为 8.7A，时间是 0.9s，当时的运行方式为 2 号主变 502B 断路器带 IIB 母运行，521B、532B 断路器分位。502B 断路器保护录波如图 4-38 所示。502B 断路器跳开后，母线失压，2C4 开关低电压保护动作。2 号主变 502B 侧后备保护及 2C4 保护基本配置情况见表 4-6。

表 4-6　　2 号主变 502B 侧后备保护及 2C4 保护基本配置情况

| 站端 | 保护分类 | 规格型号 | 投产日期 |
|---|---|---|---|
| A 站 | 2 号主变保护 | RCS-978G2 | 2005-10-31 |
| | 2C4 | NSA-3131S | 2006-1-20 |

保护动作记录：

2 号主变 502B 侧后备保护

动作时间：2011.06.15 18：14：57：918；

动作元件：910ms 过流 I 段 I 时限动作；

故障相别：ABC 相；

故障电流：一次值 19200A，二次值 19.2A；

TA 变比及配置：5000/5。

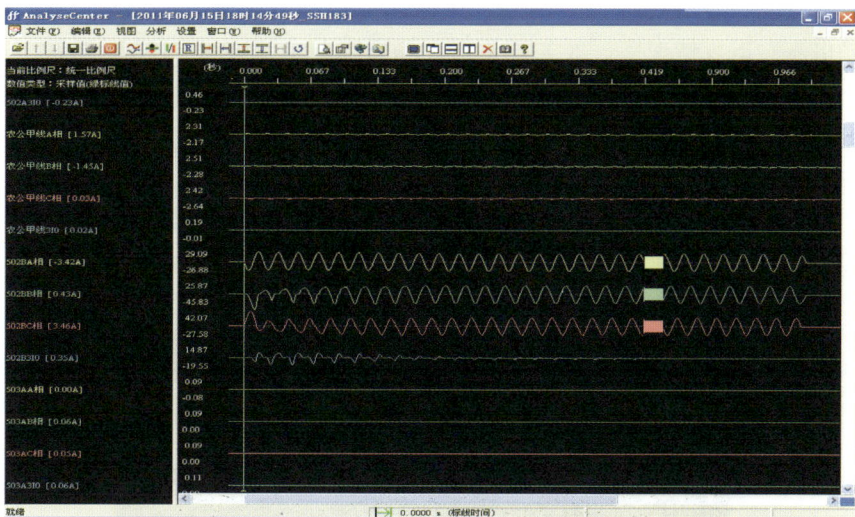

图 4-38　502B 开关保护录波

10kV 2C4 开关保护

动作时间：2011.6.15 18∶14∶58∶840；

动作元件：660ms 低电压保护动作。

TA 变比及配置：600/5。

## 三、故障处理情况

拆除 2C4 开关柜上隔离开关，清理故障设备后需对 10kV 2BM 母线进行耐压试验，合格后恢复 10kV 2BM 母线供电。同时还对 2C4 开关、TA 进行耐压试验以确认其是否由于故障冲击而受到损伤。

对 10kV 2BM 所有开关柜上隔离开关进行同类隐患排查。

6 月 16 日凌晨 0 时左右 2C4 开关柜经故障清理完毕。2C4 上隔离开关拆除后 10kV 2BM 耐压试验合格，2C4 开关及 TA 耐压试验也均已通过，该段母线其他开关柜上隔离开关隐患检查情况均正常。6 月 16 日凌晨 2 时 15 分，220kV A 站 2 号主变压器低压侧 B 分支 502B 断路器、10kV 2BM 及所有出线恢复送电，2C4 开关隔离转为检修。

　　根据现场故障的检查处理情况，对故障原因的分析为：在之前长期高负荷（无功电流）运行情况下，2C4 开关柜上隔离开关 A 相静触头压紧弹簧出现疲劳，动静触头未能保持可靠接触，在 6 月 15 日停运后产生了松脱现象。当日凌晨由运行转热备用如图 4-39 所示。下午 2C4 开关由热备用转投运操作瞬间，由于无功电流较大，在 A 相上隔离开关动静触头松脱处产生了电弧，电弧迅速扩大蔓延，最终发展为 2C4 上隔离开关三相对开关柜的接地隔板放电击穿（如图 4-40 所示），并使该柜的母线室多处被炸毁（如图 4-41 所示）。

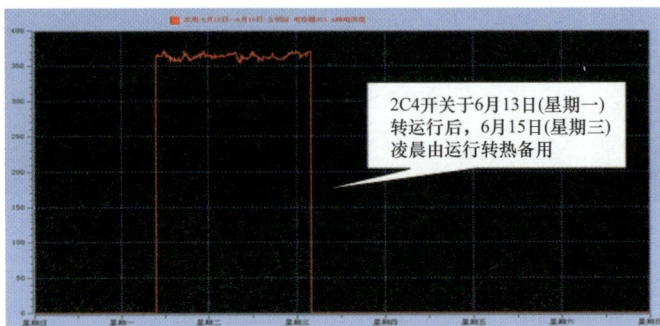

图 4-39　2C4 开关 A 相电流值

图 4-40　动触头及故障击穿点

图 4-41　2C4 开关柜故障炸毁情况

　　经上述初步分析，本次开关柜上隔离开关炸毁故障由隔离开关动静触头接触不良引起，为避免发生类似故障，需采取以下措施：

（1）结合综合停电机会，加强开关柜设备的检查及维护工作。特别是 GN30 隔离开关，容易产生发热、动静触头接触不良现象，必要时需专门申请母线停电对上隔离开关进行检查维护。

（2）改善设备运行环境，加快 10kV 高压室安装空调的步伐，有效降低设备的发热缺陷率。

（3）积极推进设备状态检修，采取有效措施做好对 10kV 母线、大电流开关柜等设备的运行状态监测工作。

# 第五章

## 互感器、无功类等其他设备典型缺陷及故障分析

### 第一节　500kV电流互感器受潮导致二次绕组绝缘低

**一、案例简介**

2012年6月18日，某500kV变电站某500kV线路保护按计划进行保护定期检查，在进行电流互感器（TA）二次绝缘及一点接地检查时，发现电流互感器绝缘为零。于是在线路断路器汇控柜断开串外TA二次连接片进行绝缘检查，发现TA二次绕组靠本体侧绝缘为零，而靠二次负载侧绝缘正常。进一步从TA本体二次引出线侧进行测试，其负载侧绝缘正常，本体侧绝缘为零，初步判断TA本体到汇控柜之间电缆或TA内部二次绕组绝缘异常。在挂接临时接地线后，在TA本体二次接线盒断开二次接线时，绝缘检查发现TA二次绕组绝缘为零，判断TA本体内部二次绕组绝缘异常。

**二、检查情况**

（1）该线路串外TA安装于户外，二次线圈套在GIS进线筒外侧，再用防护罩保护密封，密封情况在外观上查看无异常，如图5-1所示。

（2）串外TA防护罩的密封固定盖板安装在防护罩上方，盖板上方布满紧固螺钉，存在从盖板上方密封沿面进水的可能性，如图5-2所示。

（3）松开串外TA防护罩上端盖板紧固螺钉，卸开防护罩两端夹件后，去

图5-1　串外TA

安装在户外的串外TA

安装在防护罩
上端的盖板

图 5-2　串外 TA 防护罩的密封固定盖板

除夹件的密封胶后，防护罩内部有大量积水流出，如图 5-3 所示。

（4）打开串外 TA 防护罩，发现线圈上端表面沿着盖板垂直方向布满水滴痕迹，如图 5-4 所示。

（5）打开串外 TA 二次绕组防护盖，发现防护罩两端法兰面最上端存在凹槽，并在凹槽上可以看到有渗水流过的痕迹，如图 5-5 所示。

拆除防护罩去除
密封胶后，内部
积水大量流出

图 5-3　防护罩内积水流出图

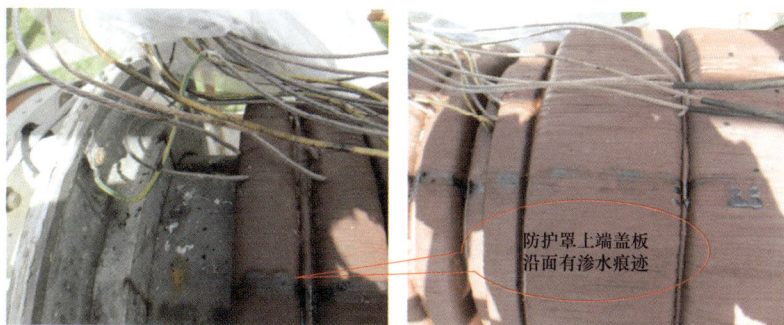

防护罩上端盖板
沿面有渗水痕迹

图 5-4　渗水痕迹图

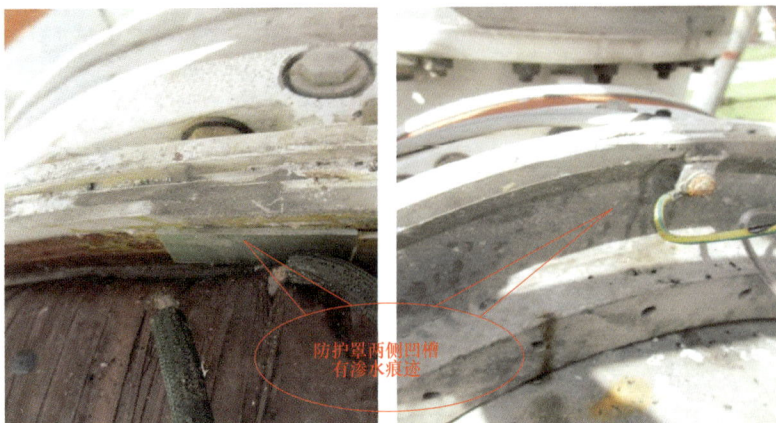

图 5-5　防护罩两侧凹槽渗水痕迹

### 三、原因分析

根据现场检查情况，判断缺陷 TA 二次线圈绝缘降低的原因如下：

（1）由于串外 TA 防护罩密封失效致雨水渗入，二次绕组受雨水浸泡，导致绝缘降低。

（2）由于串外 TA 线圈为水平安装，TA 防护罩排水孔设置在顶端，其他部位无排水孔，导致积水严重无法排出。

（3）防护罩盖板安装在顶端，当密封胶老化后，雨水可顺沿紧固螺钉孔与两侧凹槽部位渗入防护罩内部。

### 四、现场处理方法

（1）打开防护罩，清除防护罩沿边的密封胶，并对密封面进行打磨。

（2）打开防护罩两端夹件，清除原有的密封胶，并对夹件密封紧固面进行打磨。

（3）24 小时不间断对电流互感器线圈进行现场热风烘干、太阳灯光照烘干。

（4）每隔 1 小时对电流互感器二次绕组绝缘情况进行检测，并记录检测结果。

（5）绝缘合格（大于 1.5MΩ）后，恢复二次接线，恢复 TA 防护罩与盖板，更换密封圈，并在沿边涂上密封胶进行密封处理。

建议采取重新处理密封件、防护罩低端开孔排水、加装防雨罩、装设防雨篷等措施，防止电流互感器绕组受潮。

# 第二节　500kV 线路电容式电压互感器电磁单元内部受潮导致发热异常

## 一、案例简介

2012 年 9 月 9 日某 500kV 变电站的运行人员发现线路保护告警，发现交流电压互感器（TV）断线动作信号，经查该线路电容式电压互感器（CVT）二次电压，发现 C 相 CVT 二次电压为 25V（正常值为 60V），A、B 相 CVT 二次电压正常，为 60V。初步判断 C 相 CVT 故障，随后运行人员用 ThermaCAM E30 红外测温仪对该组线路 CVT 进行了红外测温，18 时 30 分和 19 时分别测量了故障 CVT 的红外图谱，如图 5-6～图 5-7 所示。测试结果表明，C 相 CVT 电磁单元严重发热，两次测量故障相最热点温度分别高于正常相（B 相）5.5℃、15.7℃。半个小时内，C 相 CVT 电磁单元最热点温度上升了 9.8℃。由于发热速度很快，为预防事故的发生，运行人员申请尽快将该 500kV 线路转检修状态（当时该 500kV 线路处于空充状态，对侧线路隔离开关合，本站侧线路隔离开关分，线路无有功功率传输），并对故障相 CVT 进行处理。该线路转检修状态。

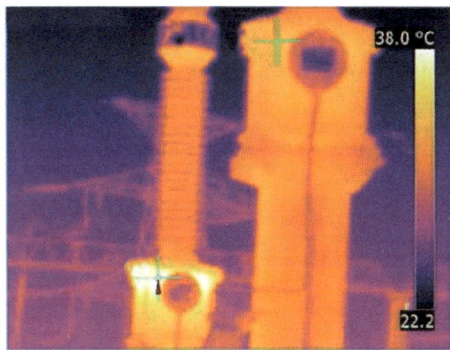

图 5-6　18 时 30 分运行人员红外测试结果　　图 5-7　19 时运行人员红外测试结果

经继保专业技术人员检查，二次部分无异常，初步判断该线路 C 相 CVT 一次存在故障，导致二次电压偏低。

该相 CVT 具体的铭牌参数见表 5-1。

表 5-1　　　　　　　　　　故障相 CVT 铭牌参数

| 生产厂家 | ×××× | 出厂日期 | 2002 年 3 月 |
|---|---|---|---|
| 型号 | TYD500/-0.005H | 编号 | 50203067 |
| 额定一次电压（kV） | $500/\sqrt{3}$ | 中间变压器额定电压（kV） | 13 |
| | 主二次 1 号绕组 | 主二次 2 号绕组 | 剩余电压绕组 |
| 额定二次电压（V） | $100/\sqrt{3}$ | $100/\sqrt{3}$ | $100/\sqrt{3}$ |
| 额定容量（MVA） | 100 | 150 | 100 |

## 二、检查情况

（一）故障后现场试验情况

试验内容主要为红外测温和高压预防性试验。红外测试后发现该 500kV 线路 C 相 CVT 电磁单元部分最高温度约 53℃，如图 5-8 所示。而正常相（A、B 相）最高温度约 33.3℃，如图 5-9 所示。三相 CVT 的电容单元温度均处于正常状态，无异常发热点。由此可以判断该线路 C 相 CVT 电磁单元内部存在故障。故障后 A、B、C 相 CVT 高压预防性试验结果见表 5-2。

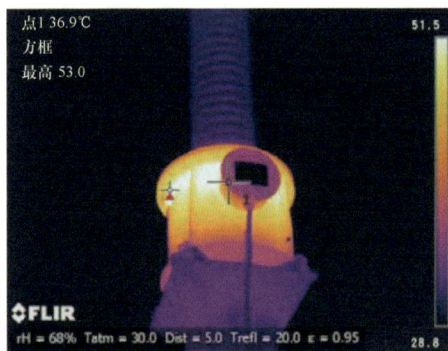

图 5-8　故障相 C 相电磁单元
红外测温结果

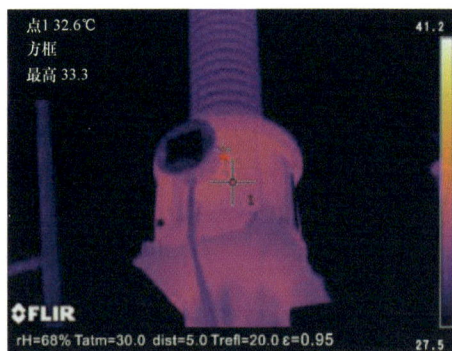

图 5-9　正常相电磁单元
红外测温结果

表 5‑2 　　　　　　故障后 A、B、C 相 CVT 高压预防性试验结果

| | 编号 | | 极间绝缘<br>（MΩ） | tanδ<br>（%） | $C_x$<br>（pF） | $C_N$（pF）<br>总电容量 | 末端绝缘<br>（MΩ） | 备注 |
|---|---|---|---|---|---|---|---|---|
| A 相上节 | 50203066 | C11 | 10000 | 0.051 | 15560 | 5166 | 3000 | 反接屏蔽法 |
| A 相中节 | | C12 | 10000 | 0.057 | 15640 | | | 正接法 |
| A 相下节 | | C13 | 10000 | 0.05 | 18090 | | | 自激法 |
| | | C2 | 10000 | 0.072 | 113400 | | | |
| B 相上节 | 50203071 | C11 | 10000 | 0.062 | 15590 | 5183 | 3000 | 反接屏蔽法 |
| B 相中节 | | C12 | 10000 | 0.074 | 15720 | | | 正接法 |
| B 相下节 | | C13 | 10000 | 0.051 | 18140 | | | 自激法 |
| | | C2 | 10000 | 0.077 | 113300 | | | |
| C 相上节 | 50203067 | C11 | 10000 | 0.052 | 15610 | 5156 | 0 | 反接屏蔽法 |
| C 相中节 | | C12 | 10000 | 0.056 | 15590 | | | 正接法 |
| C 相下节 | | C13 | 10000 | | | | | 自激法无法加压 |
| | | C2 | | | | | | |

由高压预防性试验结果可知，A、B 相 CVT 试验数据正常，C 相 CVT 下节采用自激法测量时无法加压，根据自激法的原理可以初步判断电磁单元中间变压器存在绕组短路故障。

（二）试验室试验和解体情况

1. 试验情况

2012 年 9 月 25 日在高压试验大厅对故障相 CVT 进行了相关诊断性试验，并将电磁单元开盖检查。开盖检查前进行了油化试验和高压试验，已通过试验证实该相 CVT 上节和中节正常，故重点对下节开展诊断性试验。故障相 CVT 下节油中各气体含量和微水含量测试结果见表 5‑3，故障相 CVT 高压诊断性试验结果见表 5‑4。

表 5‑3 　　　　故障相 CVT 下节油中各气体含量和微水含量测试结果

| | 氢 | 甲烷 | 乙烷 | 乙烯 | 乙炔 | 一氧化碳 | 二氧化碳 | 总烃 | 结论 | 备注 |
|---|---|---|---|---|---|---|---|---|---|---|
| 油中各<br>气体含量<br>（μL/L） | 3352 | 1413.13 | 2866.51 | 1243.97 | 30.61 | 15606 | 210048 | 5554.22 | 应引起<br>注意 | 不要求做绝缘油的<br>预防性试验，无标准。<br>参考 110kV 及以下电<br>压等级标准：总烃注<br>意值 150μL/L；水分<br>含量不大于 35mg/L |
| 油中<br>微水含量<br>（mg/L） | 126 | | | | | | | | 应引起<br>注意 | |

表 5 - 4　　　　　　　　　故障相 CVT 高压诊断性试验结果

| 编号 | 介质损耗（%） | 电容量（pF） | 绝缘（MΩ） | 备　　注 |
|---|---|---|---|---|
| C13 | 2.578 | 18050 | 10000 | 采用自激法无法加压测量，使用 10kV 反接法测量。用电容表测量整节电容值为 15400pF |
| C2 | | | 0 | |

| 变比试验 | | 实测值 | 额定值 | 备注 |
|---|---|---|---|---|
| | $K_1$ | 9587 | 1670 | 实测变比约为额定变比的 5.7 倍；若按照实测变比，二次所测电压约为 1V |
| | $K_2$ | 9544 | 1670 | |
| | $K_3$ | 9560 | 1670 | |

| 直流电阻试验 | | 实测值（MΩ） | 设计值（厂家提供）（MΩ） | 备注 |
|---|---|---|---|---|
| | 一次绕组 | 667.8 | 684 | 实测值为温度 25℃ 时的阻值；设计值为温度 20℃ 时的阻值。实测电阻值与设计值相比变化均不大，说明线圈本身无烧损或接触不良情况 |
| | 二次绕组 1a1n | 22.37 | 19.2 | |
| | 二次绕组 2a2n | 33.32 | 27.7 | |
| | 二次绕组 dadn | 78.19 | 70.2 | |

| 二次绕组间绝缘电阻（MΩ） | | | | |
|---|---|---|---|---|
| 1a1n 对 2a2n | 0 | | | 二次绕组间均无绝缘，因发热已造成绝缘油绝缘性能剧降 |
| 2a2n 对 dadn | 0 | | | |
| 1a1n 对 dadn | 0 | | | |

| 避雷器绝缘电阻（MΩ） | | | 避雷器型号 | YW－3.0/6.0 |
|---|---|---|---|---|
| 0 | | | | |

从试验结果表 5 - 3 可以看出，电磁单元中绝缘油的水分含量及气体含量均异常。高压诊断性试验结果表 5 - 4 表明，电容单元不存在问题，中间变压器绕组本身不存在烧损或接触不良问题，绕组间的绝缘介质绝缘性能下降。

2. 解体情况

在回收电磁单元中的绝缘油时，有一股强烈的烧糊气味，且油的颜色偏深。开盖后发现，中间变压器一次绕组外所包的聚氨酯绝缘材料已受热熔化，电磁单元内元件表面附着一层油泥。在回收绝缘油时需要打开油箱顶部的注油孔，打开时发现注油孔的防潮螺母并未完全拧紧，存在一定的松动。详细解体图片如图 5 - 10～图 5 - 13 所示。

由解体图片可以看出，一次绕组外所包聚氨酯绝缘层已受热熔化。一次绕组层间的绝缘纸炭化严重，层间已无绝缘，造成一次绕组层间、匝间短路。

图 5-10　防潮螺母未完全拧紧

图 5-11　油泥严重

图 5-12　一次绕组外所包的聚氨酯熔化

图 5-13　一次绕组层间绝缘纸炭化

## 三、原因分析

经了解，此产品电磁单元内所使用的油为变压器油，出厂时内控油中水分含量不大于 30mg/L，击穿电压不小于 35kV/2.5mm，介质损耗不大于 0.5%。

以故障前后相关信息为基础，结合故障后现场试验和试验室诊断性试验的结果，着重考虑电磁单元解体后的故障现象，认为此次 CVT 二次电压骤降的原因如下。

此产品已运行 10 年，电磁单元内绝缘油水分含量异常。由于绝缘纸具有很强的吸潮性，大部分的水分被电磁单元内的绝缘纸吸收，从而导致绝缘纸的绝缘性能降低。由于中间变压器一次绕组的层间存在一定的电位差（一次绕组最大层间电位差设计值为 856V），当绝缘纸的绝缘性能降低至不能承受绕组层间电位差时，将造成一次绕组层间、匝间短路。由于中间变压器正常情况下是工作于空载状态，此时流过一次绕组的电流约十几毫安，一旦发生层间、匝间短路，流过一次绕组的电流将增大至几百毫安，最严重的情况下可能至几个安培，如此大的一次电流将造成一次绕组、铁芯严重发热，且故障电流流过补偿电抗器时会在其两端产生上万伏（以故障电流 0.5A 为例，因补偿电抗器工频电抗约 28000Ω，计算得出其两端电压约 14000V）的高压。对于额定电压仅 3kV 的避雷器而言，长期承受上万伏电压自然会被损坏。避雷器损坏后，补偿电抗器相当于被短路，此时中间变压器一次绕组两端的电压会降低，从而导致二次电压降低。

## 四、预防措施

该 500kV 线路 CVT 故障是由于电磁单元内部受潮最终导致中间变压器一次绕组层间、匝间短路故障，进而造成二次电压骤降，并引起电磁单元严重发热。由于 A 站 2011 年 5 月 12 日发生过同厂家同型号同出厂日期产品的类似故障（5 号主变压器高压侧 C 相 CVT 二次失压，电磁单元内部绝缘性能劣化，导致高压线圈底部垫圈处发生放电，最终发展为一次绕组匝间短路），故预防措施如下：

（1）运行中应密切监视电容式电压互感器电压，对系统报警信息应及时处理，结合红外测试手段可以有效发现此类缺陷，防止故障扩大引起事故。对同厂家同型号同批次产品进行一次红外普查，同时检查电磁单元注油孔处防雨帽和防潮螺母的密封状况。

（2）抽取一组该厂同年出厂的电容式电压互感器，结合停电机会，对其电磁单元增加绝缘油试验。试验项目包括油样水分含量测试、简化试验（介质损耗、耐压、界面张力等）、色谱试验。

# 第三节　35kV 串联电抗器故障分析（1）

## 一、案例简介

2013 年 7 月 6 日 13 时 30 分 15 秒，35kV 4M 电容器组 345 断路器合闸，14 时 1 分 48 秒，35kV 4M 电容器组 345 断路器保护过流 I 段动作，14 时 2 分 9 秒，345 断路器动作。运行人员在当天 14 时左右发现 45DK 电抗器着火。串联电抗器 45DK 为干式空芯电抗器，额定电压为 35kV，额定电流为 557A，额定电抗值为 1.2Ω，额定容量为 1600kVar，生产日期为 1997 年 9 月，单台电容器型号为 BFF11‐334‐1W。35kV 4M 三相故障电流的故障录波图如图 5‐14 所示，故障数值分析见表 5‐5。

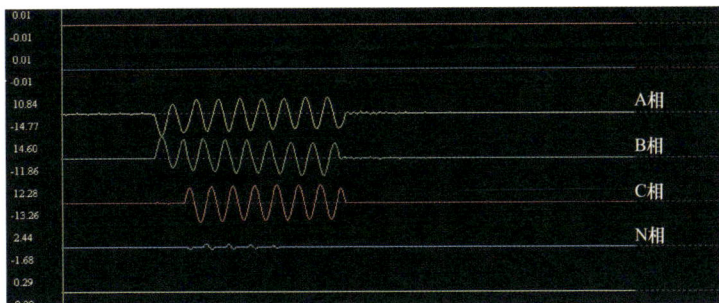

图 5‐14　35kV 4M 三相故障电流波形图

表 5‐5　　　　　　　　故 障 数 值 分 析 表

| 线路名称 | 220kV 2 母电压（V） | | | | 4 号变压器低压侧电流（A） | | | |
|---|---|---|---|---|---|---|---|---|
| 相别 | A 相 | B 相 | C 相 | N 相 | A 相 | B 相 | C 相 | N 相 |
| 故障前 2 周波有效值 | 61.32 | 61.41 | 61.33 | 0.56 | 0.42 | 0.41 | 0.43 | 0.01 |
| | 61.32 | 61.41 | 61.33 | 0.56 | 0.42 | 0.41 | 0.44 | 0.01 |
| 故障后 5 周波有效值 | 59.53 | 55.82 | 60.18 | 0.59 | 8.56 | 8.45 | 0.44 | 0.01 |
| | 56.96 | 55 | 56.82 | 0.64 | 8.04 | 7.26 | 5.06 | 0.68 |
| | 54.33 | 55 | 54.33 | 0.58 | 7.67 | 7.85 | 8.74 | 1.19 |
| | 54.13 | 54.82 | 54.13 | 0.46 | 7.64 | 7.86 | 8.62 | 0.97 |
| | 54.04 | 54.71 | 53.92 | 0.47 | 7.56 | 7.79 | 8.54 | 0.76 |

**注**　4 号变低 TA 变比为 4000∶1。

从图 5‐14 和表 5‐4 可以看出，电抗器故障后的第一个周波是 A、B 相发生相间短路，到故障后的第三个周波时，电抗器故障发展为三相短路。根据 TA 变比 4000∶1 可以算出，三相短路电流为 $4000 \times 8 = 32$kA。如果 35kV 母线上的其他 14 条补偿支路全部投入运行，得出故障支路电流的最小值约为 $32 - 0.7 \times 14 = 22.2$kA，而 45DK 电抗器的额定电流为 557A，所以电抗器发生相间短路后的电流远远大于该电抗器能够承受的额定电流，最终导致电抗器绕组过热烧毁。

## 二、检查情况

A 站 35kV 4M 电容器组串联电抗器 45DK 经现场检查，发现电抗器本体 A

相线圈外包封较大面积烧黑，顶部线材烧断，线材熔铝较多下落，B相和C相表面发现有烧熔的铝，初步判断是A相铝材烧熔后从散热通道滴落下来到B相和C相，B相和C相表面未发现明显烧损。故障电抗器拆卸后的三相本体如图5-15～图5-17所示。

图5-15　故障电抗器A相

图5-16　故障电抗器B相

图5-17　故障电抗器C相

### 三、原因分析

（1）天气因素。电抗器在户外的大气条件下运行一段时间后，其表面会有污物沉积，同时表面喷涂的绝缘材料也会出现粉化现象，形成污层。浇注的环氧树脂线包经过粉化，有可能产生裂缝。雨水从裂缝中浸入导线，就会造成匝间短路。45DK电抗器着火当天虽然天气良好，但整个6月份深圳地区气候为传统"龙舟水"季节，7月初雷雨频繁，整体环境湿度较大，也是匝间短路的可能诱因。

（2）运行年限长，绝缘老化。45DK电抗器是1997年9月投运，已经运行了16年，绝缘材料性能下降，容易造成匝间短路，进而发展为相间短路。

（3）过电压造成匝间绝缘损伤积累。断路器对电抗器投切一次，电抗器就要承受一次过电压，同时电抗器的绝缘就要经受一次破坏。据统计，截至2013年3月份总投切次数为1821次，7月份为2371次，4个月的时间大概投切了

500多次，占投切记录近 1/4，投切过电压对绝缘材料的损坏程度已经达到最大程度，导致相间短路。

## 四、预防措施

（1）对 35kV 电抗器开展匝间绝缘测试，尤其要尽快对运行年限 15 年以上的电抗器进行测试，如果发现缺陷，及时更换电抗器。

（2）建议在雷雨天气禁止对电抗器进行投切操作。

（3）购置一台投切暂态测试仪开展电抗器过电压试验研究。

（4）研究加装电抗器限压装置（如 RC 阻容限压、氧化锌避雷器）的可行性并试点实施。

# 第四节　35kV 串联电抗器故障分析（2）

## 一、案例简介

2012 年 6 月 22 日 8 时 42 分 24 秒，某 500kV 变电站 A 的 35kV 3M 第 1 组电容器组 335 断路器保护过流 I 段动作，跳开 335 断路器，最大故障电流约 34kA。

## 二、现场检查情况

现场勘查发现 35kV 3M 第 1 组电容器组串联电抗器 35DK 发生 A 相短路故障并着火，如图 5-18 所示。

图 5-18　串联电抗器 35DK A 相短路故障现场

电抗器本体 A 相线圈外包封较大面积烧黑，顶部线材烧断，线材熔铝较多下落，B 相线圈包封材料局部张起，放电侧三相绝缘子端部、安装板均有弧斑和不同程度烧损。

## 三、解体情况分析

（1）外观检查发现该串联电抗器 A 相烧损严重，最外层包封顶部尤为严重，如图 5-19 所示。其他两相除因 A 相溶铝滴落部位造成部分损伤外，未见明显故障点，如图 5-20 所示。

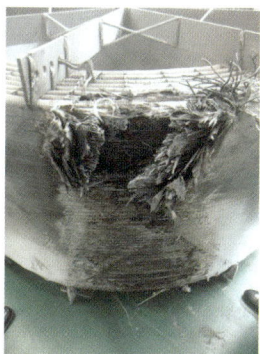

图 5-19　串联电抗器　　　　　图 5-20　串联电抗器 B、
　　　　A 相烧损严重　　　　　　　　　　C 相无明显烧损

（2）对该串联电抗器 A 相最外层包封（第 1 层）解剖后发现第 2 层包封烧损严重，可见发生了部分击穿，如图 5-21 所示。

图 5-21　串联电抗器第 2 层包封严重烧损情况

（3）对 A 相第 2 层包封进行解剖发现第 3 层包封烧损程度相比第 2 层轻很多，未见第 2 层的铝线匝烧断及烧熔情况，如图 5-22 所示。判断发生击穿或绝缘薄弱部位位于第 2 层包封中间部位。

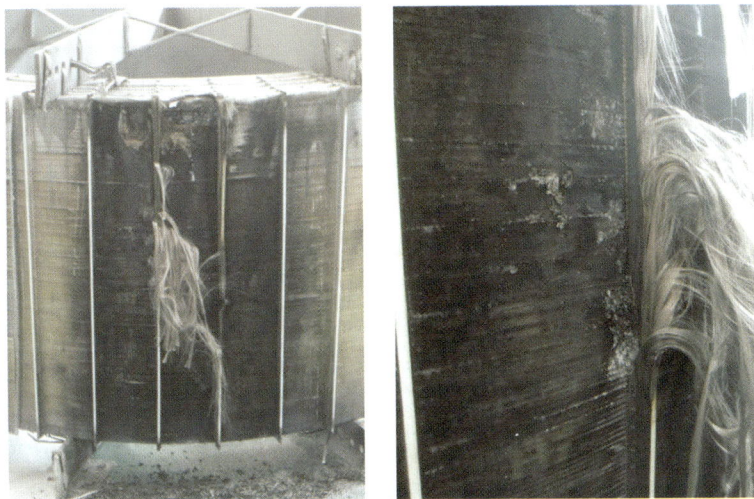

图 5-22　串联电抗器第 3 层包封烧损情况

## 四、原因分析

（1）变电站 A 35kV 3M 第 1 组电容器组 335 断路器投切较为频繁，电抗器频繁承受过电压，会使绝缘电阻降低，加速绝缘破坏。

（2）故障发生期间持续阴雨，潮湿的外部环境进一步降低绕组匝间绝缘水平，最终发展为 A 相匝间短路，导致电抗器故障起火烧损。

## 五、预防措施

（1）对公司电抗器开展连续脉冲振动试验，并依据南网预防性试验规程定期进行直流电阻试验。

（2）对该电容器组及母线进行电能质量测试，判断是否存在系统 3 次谐波超标情况导致谐振发热。

（3）在雷雨天气情况下禁止电容器投切操作，减少因雨水导致电抗器绝缘降低的情况发生。

（4）研究对串联电抗器加装遮雨罩的方案。

（5）研究电抗器红外测温及在线测温相关技术并试点实施。

# 第五节 220kV 主变压器变低铜管母线主绝缘损坏导致起火

## 一、案例简介

2009 年 2 月 13 日 6 时 46 分，调度中心发出 220kV 某变电站站内有火情通知，需紧急查明情况。7 时 9 分，运行人员到达该变电站，发现 1 号主变压器低压侧（又称主变变低）屏蔽绝缘铜管母线 C 相中间段处着火燃烧并伴有接地放电弧光和声音，A、B 相有不同程度的烧伤，如图 5-23 所示。主变压器（简称主变）在运行状态，无保护跳闸信号。运行人员报告调度后，调度立即对 1 号主变进行停电相关操作。7 时 10 分，变压器低压侧（简称变低）501 断路器断开，7 时 20 分，变压器中压侧 1101 及变压器高压侧 2201 断路器断开，然后立即实施灭火扑救。

11 时 10 分，检修专业、试验专业技术人员对故障母线进行了现场检查，故障母线中间接头烧坏说明情况如图 5-24 所示。经核查，故障前 1 号主变变低负荷电流为 130A。初步判断故障原因是 1 号主变变低 C 相中间段绝缘铜管母线中间接头处绝缘故障，造成接地拉弧燃烧铜管外绝缘材料，具体故障原因待进一步查明。

图 5-23 故障发生时铜管母线燃火情况

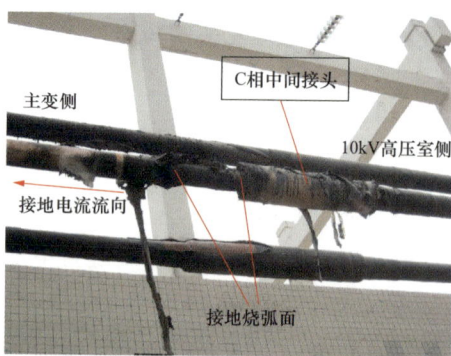

图 5-24 铜管母线中间接头烧坏说明

故障发生后，在迅速隔离故障、恢复受影响的 10kV 母线运行后，协同施工单位制定现场抢修施工方案。抢修施工主要过程如下：

（1）2 月 14 日现场解剖检查故障母线，两相故障段母线返厂方修复。

（2）2 月 15 日，修复后故障段母线采用改进后的中间接头主绝缘包绕工艺重新安装。

（3）2 月 16 日，交接试验，试验合格后恢复主变送电。

## 三、原因分析

（一）保护及接地装置故障记录及分析

1. 主变保护故障记录

检查 1 号主变保护动作及异常记录，2 月 13 日 6 时 15 分～7 时 10 分，1 号主变保护无动作跳闸记录，有异常信号记录 23 次，均为低压侧（10kV 侧）零序电压报警。

2. 消弧选线故障记录

检查接地消弧选线记录，2 月 13 日 6 时 15 分～7 时 10 分，共发生 28 次接地故障，判断为母线接地故障 21 次，接地持续时间最短少于 1s，最长持续时间为 23min。另外，80％接地中性点电压大于 6kV 属金属性接地，接地残流均小于 10A。

3. 接地保护分析

接地零序残流小于 10A，消弧线圈接地补偿输出正常。且经核对一次接地故障点仅为 1 号主变变低母线接地故障，无馈线接地，属母线接地故障，选线准确率为 75％。接地补偿及选线正确。

经核对 1 号主变主保护定值，差动起动电流为 $0.3I_N$（$I_N$ 为额定电流）。由于补偿后接地残流小于 10A，变低额定电流为 4398A，变低母线接地引起的零序差流远远小于差动起动电流，主变保护判断正确，保护动作行为正确。另外，变低后备保护设零序电压报警，报警正确。

（二）一次设备解剖检查及故障分析

1 号主变变低全屏蔽绝缘铜管母线安装时间为 2005 年 12 月。该型号铜管母线绝缘结构采用热缩套及聚四氟乙烯材料包绕，并铺设有两层金属箔组成的电容屏，最外层为铜膜片包绕的接地屏蔽层（简称地屏）。两段铜管间依靠铜钢套管压接，形成中间接头，其绝缘结构为铜钢套管外套半导电层，再包绕四氟乙烯薄膜层，再套热缩套，外层套 PVC 固定绝缘套筒，PVC 套筒外包绕铜膜片地屏。该地屏与两侧铜管地屏相连接。

2月14日11时，运行人员协同厂家及安装施工单位对故障母线进行现场解体检查，中间接头烧坏情况和解剖后的中间接头分别如图 5-25、图 5-26 所示。经现场解剖 C 相故障中间接头及两侧管母线主绝缘检查，发现中间接头 PVC 套筒上的左侧屏蔽铜膜地屏有严重的接地电弧烧蚀痕迹，PVC 套筒左上侧有斜面烧蚀缺口，右侧相对烧蚀程度较轻，表明起始放电故障点在 PVC 管与左侧铜管（左侧为靠主变侧，右侧为靠 10kV 高压室）交接处。另外，中间接头左侧的铜管母线外绝缘烧蚀严重，铜管导体已有约 40cm 裸露，且屏蔽层完全烧蚀断裂，铜膜地屏也有严重的接地电弧烧蚀痕迹，表明接地电弧不断向左侧铜膜地屏烧蚀发展，间断烧弧→主绝缘材料燃烧→主绝缘破坏→再烧弧→铜膜地屏烧蚀（由于中间接头左侧有唯一的屏蔽层接地点）。中间接头右侧的铜管母线绝缘烧蚀较轻，且无烧蚀发展痕迹。经现场测量绝缘，裸露铜管导体与接地网间绝缘电阻小于 2000Ω。以上检查情况与二次接地记录分析相符合。另外铜管母线 A 相与 B 相受 C 相燃烧影响，有不同程度的外绝缘烧伤痕迹。采用测量绝缘检查，对地绝缘良好。

图 5-25　铜管母线中间接头烧坏情况　　　　图 5-26　解剖后的中间接头

（三）故障原因分析

结合一、二次故障分析结果，初步判断造成 1 号主变变低绝缘铜管 C 相母线燃火的主要原因是 C 相铜管母线中间接头与铜管交接处主绝缘损坏，导致铜管导体对铜膜地屏击穿放电，形成间隙性弧光接地，接地电弧烧蚀主绝缘材料燃火，电弧烧蚀往中间接头左侧发展，间歇性接地拉弧燃蚀持续约45min，造成铜管母线 C 相中间段烧损，相邻 A、B 相铜管母线主绝缘有不同程度的烧伤。

造成主绝缘击穿可能由于 C 相铜管母线中间接头安装质量不良，受两侧铜管自身重力影响，有一定的下垂及绕度，造成接头存在一定的发热温升，同时使刚性的外套 PVC 绝缘套筒交接处压迫铜膜地屏，令主绝缘材料受损侵蚀变形，导致 PVC 绝缘套筒与连接铜管交接处绝缘击穿。

该型号的铜管母线中间接头为现场安装制作的，属早期绝缘包绕工艺，存在中间接头绝缘结构设计不合理、安装质量不过关等问题，导致铜膜地屏受力压迫并损坏主绝缘，最终导致铜管导体对地燃弧。

采用同类型绝缘铜管变低母线桥的另一座变电站 10kV 为消弧线圈接地系统，故障后接地电流经消弧线圈补偿后小于 10A，因此燃弧烧蚀发展较慢。若在小电阻接地系统里，发生绝缘铜管母线单相接地，接地电流约 400A（按我局接地小电阻为 16Ω），接地电流不能满足主变差动保护起动电流（$0.3I_N$），差动保护可能无法动作，无选线信号。而本段接地变保护跳闸后，铜管母线接地点电流变为 10kV 段出线电容电流（约 30～100A，容性），较大的接地容性电流容易造成严重的接地拉弧，同时容易引起间歇性接地过电压，容易造成相间故障威胁主变压器的安全，尤其应引起足够重视。

## 四、结论

运维过程中应改进同类型绝缘铜管母线中间接头绝缘结构设计及安装跨度受力设计，改进绝缘包绕工艺，加强现场安装质量监控，严防套头接触不良造成的发热或主绝缘受压受损等隐患。同时，验收时应严格执行交接试验要求。

对安装有绝缘铜管母线的变电站，若发生"10kV 母线接地"信号，特别在所有馈线轮切后接地信号仍然存在的情况，应提高警惕有可能为绝缘铜管母线接地烧弧引起，应立即调用视频或派人员现场确认，一旦确认为绝缘铜管母线接地故障，应立即停运主变，避免扩大燃弧范围。

绝缘铜管母线为近年使用的新型产品，其绝缘结构、绝缘包绕工艺、安装制作、运行维护经验相对不足，产品、厂家繁多，工艺和结构参差不齐。建议组织专项技术调研及现场技术学习，以加深对产品各方面的认识。

现场具备试验条件的情况下，建议增加绝缘铜管母线介质损耗及电容量监测等例行试验，以监测铜管母线绝缘介质的状况。

# 第六节　安装工艺不良导致 110kV 母线故障

　　某 220kV 变电站 110kV GIS 于 2005 年 9 月 15 日投入运行。2008 年 6 月 22 日 14 时 14 分，该变电站 110kV 母差保护 "Ⅰ母差动动作"，110kV 母联 1012 断路器、110kV 线路 1453 断路器、110kV 线路 1455 断路器、1 号主变压器中压侧（又称主变变中）1101 断路器跳闸，110kV 1M（Ⅰ母）失压。但未造成该站所带 110kV 变电站失压，未损失负荷，也未造成事故限电及设备过负荷。通过对 GIS 各气室进行气体成分检查分析，初步判定故障位置位于母线 1012 间隔与 111TV 间隔之间的伸缩节气室。2008 年 6 月 22 日 19 时 51 分该变电站 110kV 线路 1453、110kV 线路 1455 及 1 号主变变中 1101 断路器转 110kV 2M 运行，110kV 母联 1012 断路器和 110kV 1M 转检修。

　　6 月 23 日，对 110kV 1M 1012 间隔与 111TV 间隔之间的伸缩节气室解体后发现，110kV 1M 1012 间隔与 111TV 间隔之间的伸缩节靠 111TV 间隔的盆式绝缘子中间被电弧烧黑；与该盆式绝缘子相连母线的 A 相静触头的不锈钢导向杆大部分已烧熔，与该相静触头相连的导体也部分烧熔，伸缩节筒体靠近 A 相的位置被电弧烧黑。

## 二、故障前运行方式及保护动作情况

　　故障前 110kV 线路 1453、110kV 线路 1455、1 号主变变中 1101 断路器挂 110kV 1M 运行，110kV 线路 1452、110kV 线路 1454、110kV 线路 1456、2 号主变变中 1102 断路器挂 110kV 2M 运行，110kV 母联 1012 断路器合闸，双母并列运行，110kV 2M、6M 无分段断路器，如图 5 - 27 所示。

　　故障发生后，110kV 母线保护 RCS - 915CD "1M 差动" 动作，跳开挂 1M 运行的 110kV 线路 1453、110kV 线路 1455、1 号主变变中 1101 断路器和 110kV 母联 1012 断路器。

　　110kV 母差保护屏 "Ⅰ母差动" "差动跳母联 1" 指示灯亮。

　　通过分析故障录波及保护动作报告，该变电站 110kV 1M A 相接地故障，持续约 30ms，后转 AC、ABC 相间故障，最大故障电流为 10083A，故障持续100ms。保护正确动作。

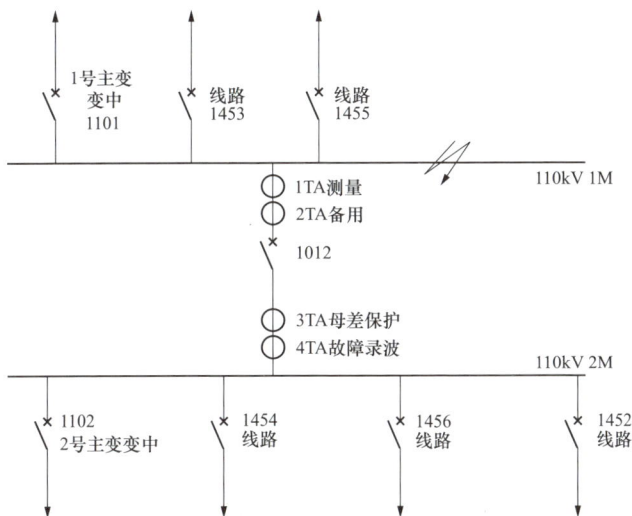

图 5-27　故障前 110kV 线路运行方式

110kV 母差保护动作信息：5ms　　　A　　变化量差动跳 I 母；

　　　　　　　　　　　　　20ms　　　A　　母差动跳母联 1、2；

　　　　　　　　　　　　　21ms　　ABC 稳态量差动跳 I 母。

## 三、原因分析

通过对 110kV 1M 1012 间隔与 111TV 间隔之间的伸缩节气室解体，可以看出，故障的 A 相导电杆导电接触部位接触不可靠，具体情况如图 5-28～图 5-33 所示。

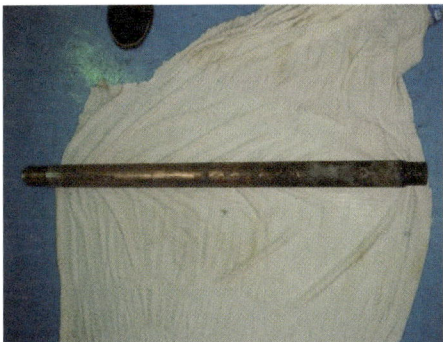

图 5-28　伸缩节中 A 相导电杆

图 5-29　伸缩节中 A 相导电杆靠静触头烧坏情况

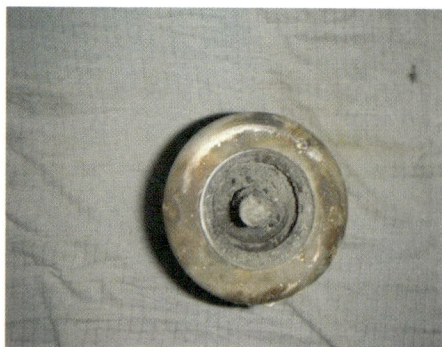

图5-30　伸缩节中A相静触头烧坏情况

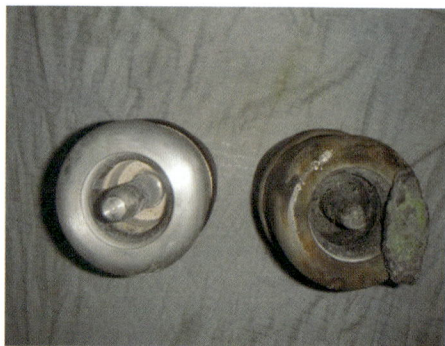

图5-31　正常静触头与烧坏静触头对比

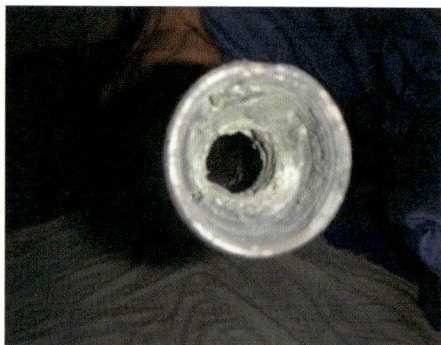

图5-32　A相导电杆内部烧坏情况

图5-33　盆式绝缘子烧坏情况

　　经过对GIS设备安装尺寸复核发现，110kV 1M上1012间隔与111TV间隔之间的伸缩节，含绝缘子实测尺寸522mm，比理论值500mm大了22mm，要求值为500±2mm。导电杆为穿心式的铜导电杆。且间隔距离加大，只要大于理论值12.5mm，插入静触头的电气连接就可能接触不良，但实际大了22mm。因此出现插入静触头的电气连接接触不良，母线电流大部分从不锈钢导向杆流过。

　　为了查看伸缩节超长的情况，对所有筒体逐一测量。除1M上1012间隔与111TV间隔之间的伸缩节超长22mm（如图5-34所示）外，其余筒体长度均在合格范围。

　　为了准确，从卷尺上100mm线处算起，测底架间距，发现112TV间隔与线路间隔之间底架，靠汇控柜一端间距527mm，另一端473mm。

原因可能是一期安装时 1M 上的伸缩节长了 22mm，但在安装过程中并没有发现；二期安装时，直接拿线路间隔往上靠。若发现底架斜了，可以发现伸缩节超长，但没查出来。由于早期 1M 运行电流较小，发现不了通流问题。自从扩建线路后母线电流逐渐增大，$\varphi$20mm 的不锈钢导向杆不断发热，烧熔的铜水不断下淌，导致母线对筒体闪络，起弧后，电弧产生的金属气体，使故障扩大成相间短路。继电保护动作，切除故障点。

图 5 - 34　1M 上 1012 间隔与 111TV
间隔之间伸缩节超长 22mm

## 四、结论

GIS 厂家没有按图纸要求指导安装，导致 110kV 1M 上 1012 间隔与 111TV 间隔之间的伸缩节没有安装好，安装长度比理论值 500mm 大了 22mm，导致伸缩节内部 A 相导电杆与其导电接触部位接触不可靠。自线路扩建后由于母线电流增大从而使不锈钢导向杆不断发热，烧熔的铜水不断下淌，导致 A 相母线导体对外壳筒体闪络，电弧产生的金属气体使绝缘强度急剧下降，在与故障点最靠近的盆式绝缘子上发展为相间短路，将盆式绝缘子烧坏。

## 五、预防措施

更换新伸缩节，含内部静触头、导体、连接块等。同时把伸缩节以及内部导电系统同时在结构上加长 22mm。把 1012 间隔与 111TV 间隔之间的伸缩节上 25mm 厚的铝法兰换成 47mm 厚。在内部的导电系统中，把盆式绝缘子与静触头的过度连接块从 50mm 厚换成 72mm 厚。把本气室的粉尘清理干净。进行水分处理、气密性检测，合格后，对此段母线进行耐压试验，合格后恢复运行。